JN176888

物理2600年の歴史を変えた51のスケッチ

DRAWING PHYSICS

ドン・S・レモンズ著　村山斉解説　倉田幸信訳

プレジデント社

DRAWING PHYSICS

2600 Years of Discovery from Thales to Higgs

物理2600年の歴史を変えた51のスケッチ

Drawing Physics

by Don S. Lemons

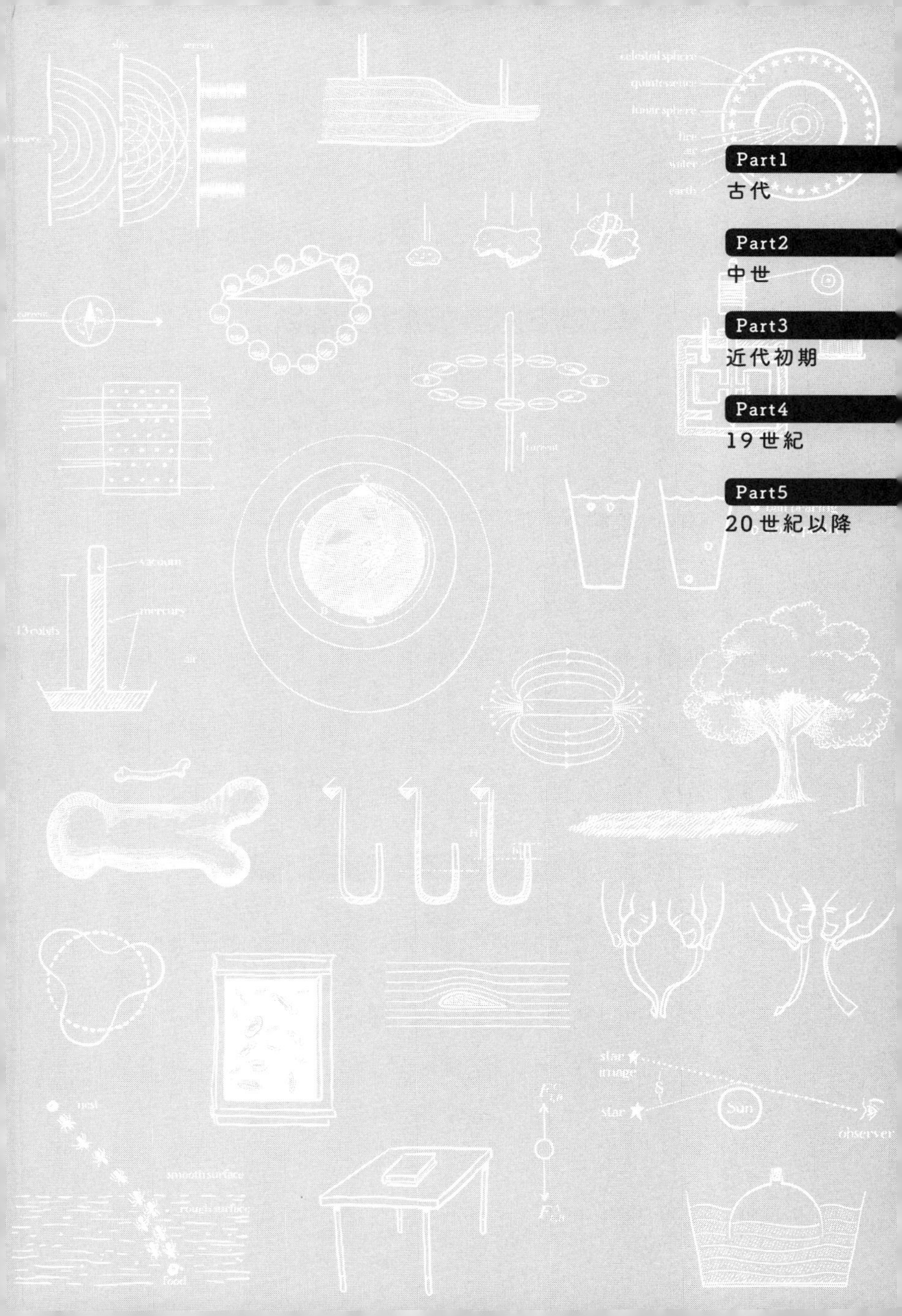

Part1
古代

Part2
中世

Part3
近代初期

Part4
19世紀

Part5
20世紀以降

目次 | Contents

Part3

近代初期 Early Modern Period

Part4

19世紀 Nineteenth Century

Part5

20世紀以降 Twentieth Century and Beyond

はじめに

Preface

数学は科学の言葉である――とガリレオは言いましたが、物理学ほどそれが当てはまる分野はないでしょう。とはいえ、物理現象を数学で説明するにはかなりの労力が必要です。その出発点は往々にして、まだ言葉にも数式にもなっていない現象を描いたスケッチです。描くという行為は、ある特別な方法で世界を見ることであり、世界を自分なりに解釈する方法です。どの国の言葉だろうと、現実の物理現象を明快に説明するのは難しいものですが、重要な要素を取り出して絵にするだけならやってみる気にもなるでしょう。初めは荒削りでも、作業を進めるうちに洗練された図や絵に変わっていきます。

よく考えられた絵は、物理学を教える場合でも学ぶ場合でも大いに役に立ちます。物理現象の分析に着手しようとする教え子にわたしは決まってこう言います。その現象を構成する大事な要因を正しい相関関係で絵に描いてみなさい、と。彼らの多くはそうやって学んできたタイプなのでしつこく言う必要はないのですが、そうでない人にとってもこの方法は有効です。出来上がったスケッチは「略画」などと呼ばれ、調査研究の全過程において役に立ちます。

略画は物理学者が使う技の1つで、地味ですが便利な道具です。学者から学者へ、教師から教え子へと伝わる伝統芸でもあります。なかにはそれなりに有名になって学術誌や論文、教科書の1ページに永遠の命を得るものもありますが、それ以外の多くは黒板や紙切れの上に一瞬だけ存在するにすぎません。

略画は物理現象の研究を活性化させたり、研究結果をうまく要約したりするのに役立ちます。細部に至る克明な描写もリアルな遠近法も必要ありません。単純かつ明快ならそれでいいのです。できのいいスケッチは、多くの点で優れた警句に似ています。過不足なく、何を足しても引いても組み替えても、全体としての完成度を落としてしまうくらいよくできているのです。さらにいえば、優れたスケッチは、優れた警句と同じく、覚えておくとここぞというときに使えます。

本書では、そのような完成度の高いスケッチを51点とり上げ、期間にして2600年におよぶ物理学上の発見を時系列で紹介していきます。みなさんもどこかで目にしたことがあるものがほとんどだと思いますが、これら51点はすべて、わたし自身が学び教える経験を通してふるいにかけた選りすぐりのものです。それぞれのスケッチは1つの概念を示しています。それぞれに、それが表す物理現象とその歴史的な位置づけを説明した読み物をつけました。

本書を書き始めたとき、このような方法で物理学をどれほど深く、または広く表現できるかは未知数でしたが、とにかくやってみたかったのです。わたしは数字を用いる理論家であり、教師としては理論に合った数式を教えることが仕事です。ですから、複雑な事象から物理法則を抽出し、それを簡単なスケッチで表現するという作業は、わたしがふだんからやっていることでもあります。「理論（theory）」という言葉は、古代ギリシャ語では「見る」という意味と結びついています。それを知ったとき、うれしくなりました。英語では「見る（see）」という言葉は「理解する」という意味で使われることもしばしばあります。描く（draw）

とは引き出す（draw out）ことでもあります。引き出すとは見ることであり、見るとは理解すること。そんなふうに言ってもいいでしょう。

わたしのささやかな挑戦の結果がこの本です。理論というよりは物語であり、完全に説明しきれているとはいえません。でも、内容には満足しています。まずは読んでみてください。

この本はとくに、わたしたちをとりまくこの世界の現象に興味はあっても、さまざまな事情から数学や物理学の知識をほとんど持たない人に読んでいただきたい。そしてそのような読者から「絵で見たらわかった！」と言っていただければうれしく思います。

Part1...... Antiquity

古代

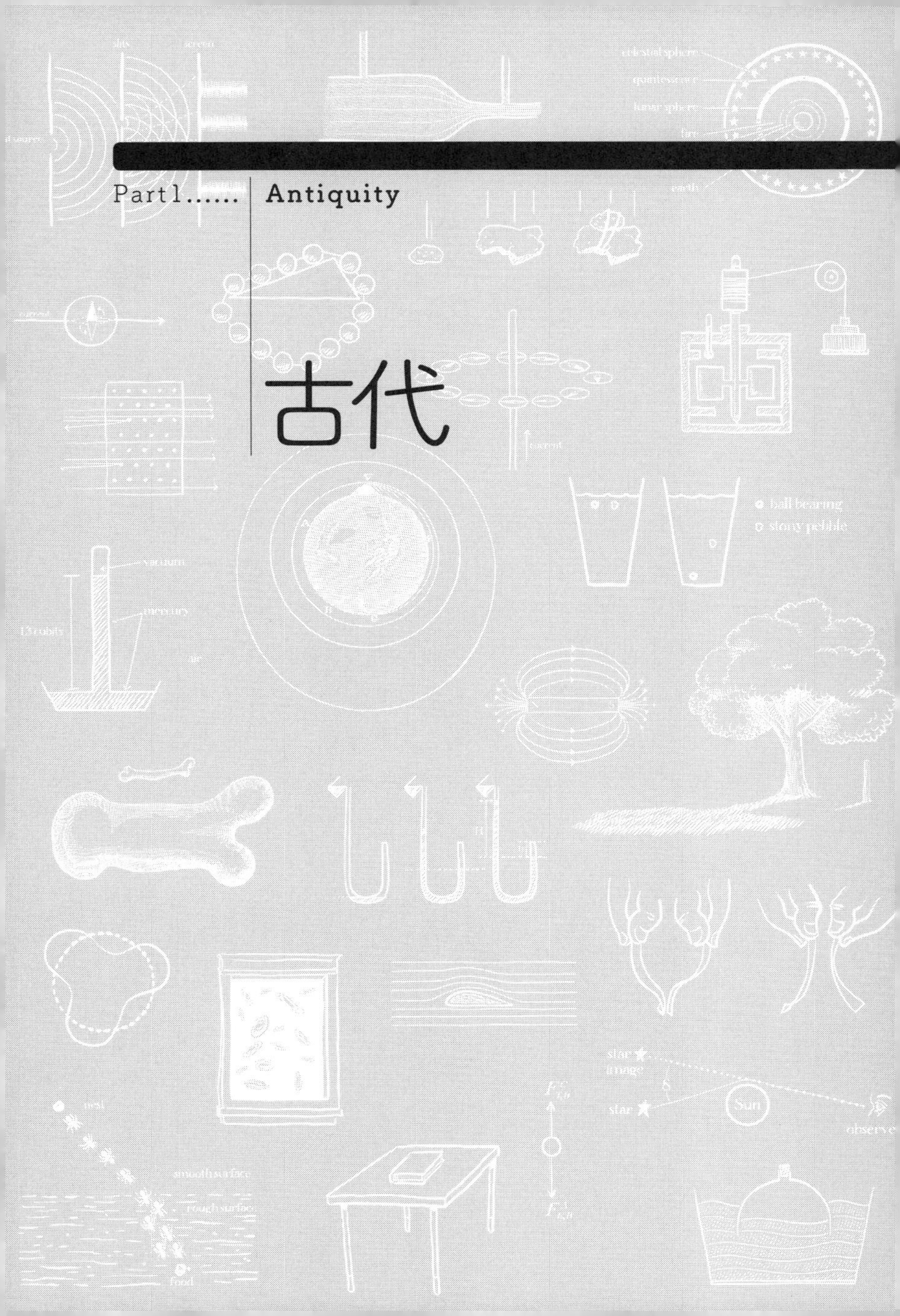

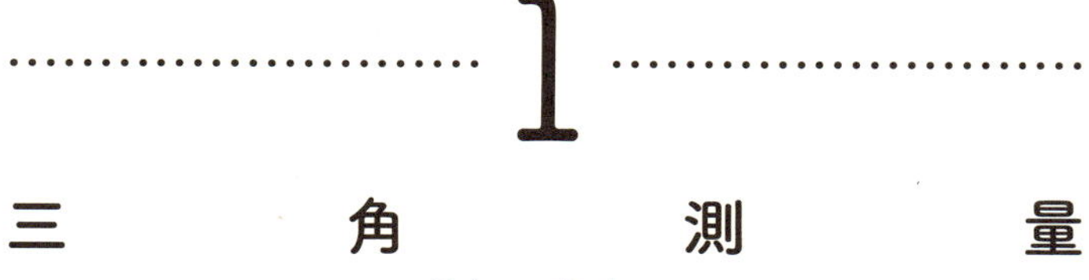

三角測量

Triangulation

［紀元前600年］

たとえば川幅や木の高さを知りたいとき、歩幅を使って測ることも、モノサシをあてることもできないとしたらどうするでしょう。このように何かの長さを直接測れないときは、三角形の性質を利用して長さを割り出すことができます。ミレトスのタレス（紀元前624年〜紀元前565年）にまでさかのぼるこの発想は、物理と数学の歴史に最初に登場するものの1つです。

紀元前6世紀のミレトスは小アジア（現在のトルコ）の西海岸沖の島にあるギリシャの港町で、タレスはもっとも初期の哲学者、すなわち「知恵を愛する人」でした。知恵を求めてミレトスからはるか遠方に旅し、バビロンから地中海東岸を渡ってエジプトにまで足を延ばしました。紀元前6世紀当時からエジプトは「古代文明の地」として名を馳せていました。何しろあの巨大なピラミッドが建造された

図1

のは紀元前約2500年のことです。そのエジプトでタレスが見つけたのは、現地のエジプト人測量技師たちの「知恵」というよりも「実務的知識」でした。彼らは“幾何学者(geometers)”と呼ばれ、区画整理された農地の位置や大きさ、形状を測る技能に長けていました。おそらくは、繰り返されるナイル川の氾濫によって隣り合う農地間の境界を見失ったり間違えたりしないようにすることで、その技能を高めたのでしょう。

タレスはいかにしてこのエジプト人測量技師たちの実務的知識を、今日わたしたちが**三角測量**と呼んでいる測量の一般原則へと昇華させたのでしょうか。

ここで木と棒を描いた**図1**を見てください。タレスも実際このようなスケッチを描いたかもしれません。棒を1本まっすぐに立て、その影が棒と同じ長さになるなら、そのときすべての直立した物体は自らの高さに等しい影を落とすと推測できます。したがって、**図1**の棒の影が棒の長さに等しいなら、**図1**の木の高さは、木の影の長さに等しい。これならかんたんに測れますね。

このような推論が成り立つには、太陽の光が直線で、互いに平行であると仮定する必要があります。そのように仮定できるなら、1日のどの時間帯であっても1本の棒とその影を使って木の高さがわかります。なぜなら、相似関係にあるすべての三角形は3辺が同じ位置関係にあるからです。したがって、直立した物体に影があるかぎり、常にその物体と影、および物体の頂点と影の頂点を結んだ線によって直角三角形がつくられます。かくして、いつ、どこであろうと時間と場所さえ同じならば、すべての直立した物体の高さとその影の長さの比は同じになります。

図2にはそのような三角形が2つ描かれています。1つは「背の高い物体」とその影がつくる三角形、もう1つは「背の低い物体」とその影がつくる三角形です。どちらの影も本体より短いですね。2つの三角形は相似なので、影に対

する高さの比（H/H'とh/h'）は同じはずです。すなわち$H/H'=h/h'$ということですね。したがって、「背の高い物体」の高さ（H）は、すぐに測れる3つの値（H',h,h'）を使った計算式で表すことができます（$H=H'h/h'$）。この方法を使えば、辺と辺の角度を知る必要もありません。

タレス自身による著作物は遺されていませんが、この時代の記録によれば、ギザの大ピラミッドの高さを測り、また岸から海上の船までの距離を計算したのはタレスの功績とされています。ここで示したような方法を使ったのでしょう。現在でもスマートフォンやGPSには相似三角形の性質が利用されています。

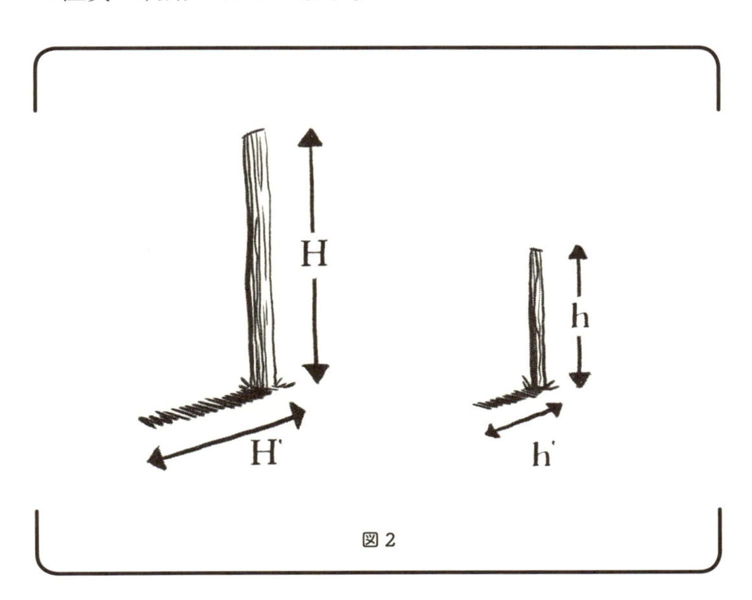

図2

さらにタレスは、直角三角形を円に内接させる方法も発見したとされています。このときタレスは神に牛を１匹捧げたと伝えられています。タレスは万物の源泉——または根底にある原理——が水だと考えていました。そして、川の流れを変えるなどの治水技術にも長けていました。さらには月が太陽を完全に覆い隠すという稀にしか見ることのできない「皆既日食」が一年以内に起きると正しく予測したのでした。タレスの技能と知恵が生んだこれらの偉業によって、彼は古代ギリシャの七賢人の１人に数えられています。

実用的なスキルの習熟だけを追い求めた人々と異なり、タレスは多様な個別事象から普遍的真実を導こうとしました。彼は哲学者でしたが、数学的真理を自然界に応用したという点では、人類初の物理学者ともいえるでしょう。

2

ピタゴラスのモノコード

Pythagorean Monochord

〔紀元前500年〕

図3

想像しうるもっとも単純な楽器の1つが、ピタゴラスのモノコードです。この楽器はピンと伸ばして両端を固定した1本の弦でできています。弦を弾くと振動し、特定の音高（ピッチ）で1つの音色（トーン）を奏でます。弦をより長く、より太くすればピッチは下がります。管楽器や打楽器を長く、大きくすればピッチが下がるのと同じですね。こうした仕組みはピタゴラスが活躍した紀元前525年前後より前から知られていたと思われます。紀元前7世紀につくられたギリシャの花瓶には、ウードやリラのような長さの異なる複数の弦を持つ楽器が描かれています。しかし、弦の長さとトーンの関係を初めて明らかにしたのはピタゴラス、あるいは彼の弟子の1人だったと考えられます。

紀元前525年頃、ピタゴラスは小アジア西岸にほど近いエーゲ海に浮かぶサモス島に生まれました。のちにギリシャのドーリア人の植民都市クロトーン（現在のクロトーネ）に移住します。イタリア南部の海岸線をブーツにたとえると、親指の付け根にあたる場所です。ここでピタゴラスは研究者の結社をつくります。彼らは魂の救済と浄化を目的として厳しい修行を行いました。この結社はまた、政界に禁欲的なリーダーが出ることを強く願っていました。紀元前450年頃、もとの結社は崩壊して細かく分裂しましたが、そこから派生した「ピタゴラス学派」と呼ばれる神秘主義者と研究者の集団は、その後少なくとも100年にわたって名を馳せました。メンバーのなかには優れた数学の才能を持つ研究者もいましたが、彼らは自らの発見をリーダーであるピタゴラスの業績としたのです。

図3はピタゴラスのモノコードを描いています。モノコードの奏でるトーンを決めるのは振動の優位周波数であり、その周波数を決めるのは弦の長さ（長いほどピッチは低い）

と弦を伝わる音波の速度（音波が速いほどピッチは高い）であることをわたしたちは知っています。さらに、弦の密度が低いほど、そして弦の張力が高いほど、生まれる音波は速く、すなわち周波数とピッチが高くなることも知られています。そんな知識をもってしても、ピタゴラス学派が見つけた整数と耳に心地よい音との関係は不思議としかいいようがありません。

ここに弦の性質も張力もまったく同じで長さだけ異なる2台のモノコードがあるとします。それらを同時に弾くと、それぞれが異なるトーンの音を奏でます。この単純な装置によってピタゴラス学派が成し遂げた発見は驚くべきものです。2台のモノコードの弦の長さが2対1，3対2，または4対3というように簡単な整数比で表せるならば、2台同時に弦を弾くとそれぞれ1オクターブ（完全8度）、完全5度、完全4度という美しい音を奏でます。そうでない場合、2つの音は心地よいどころか、むしろ不調和で耳障りになります。

ピタゴラス学派にとって、1、2、3、4という小さな整数が美しい音に対応するという事実は、この世界の根本原理が数であることの象徴となりました。この世界は形式と実質の両方ともが整数によって組み立てられている、というわけです。彼らに言わせれば、魂も身体の各部位を数学的に調和させたものです。「男らしさ」や「女らしさ」といった性質でさえも数に関連していると彼らは考えました。この場合、前者は奇数、後者は偶数になるというのです。現代を生きるわたしたちから見れば、こうした考え方はあやしい思いつきのように思えますが、世の中のさまざまな現象に共通する比率と数式を見つけようとする思想は現代の物理学にも通じるものです。

ピタゴラスのモノコードは、弦を使ったもっとも基本的な「道具」であり、とうてい楽器には見えません。でも、バイオリンやハープなどの弦楽器が美しい音を奏でる仕組みの根底にある原理をはっきりと示してくれます。フルートもきれいな音を奏でますが、管楽器は円柱状の空気を振動させて音を出します。ドラムのような打楽器は張られた膜の振動が音になります。

ピタゴラスが弟子たちに遺した最後の言葉は「モノコードに取り組め」だったといわれています。この言葉で彼が伝えようとしたのは「音楽家になりなさい」ということだったのでしょうか、それとも「宇宙の本質を研究しなさい」ということだったのでしょうか。おそらくピタゴラスにすればその２つは同じ仕事だったのです。そう考えると、彼のことをより深く理解できるでしょう。

3

月の満ち欠け

Phases of the Moon

〔紀元前448年〕

月はさまざまな姿を見せます。新月（朔）、細い三日月、半月、ギボス状の月（半月と満月の中間）、そして満月——。当たり前すぎて、なぜこんなことに説明が必要なのかと思われるかもしれません。でも、見慣れていようがいまいが、複雑な現象を何とかして単純な概念ですっきり説明しようと奮闘する人たちがいます。こうした概念は、理にかなっているだけでなく他の現象も説明できるものでなければなりません。うまく説明できた場合、それは首尾一貫した1つのものの見方や理論の一部となるのです。整然とした月の満ち欠けを説明するには、以下の3つを前提とするだけで十分です。

① 月は自らはいっさい光を発しないが、太陽の光を反射する

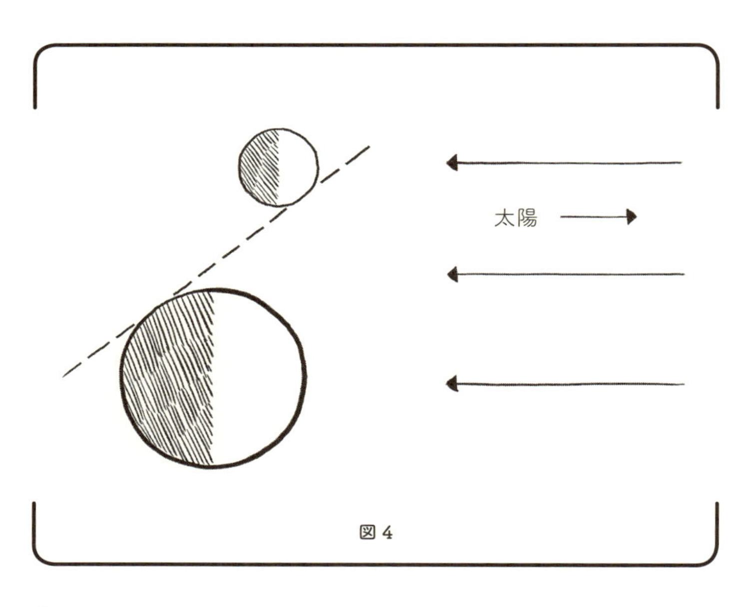

図4

② 月はほぼ円に近い軌道で地球の周りを動く
③ 月と地球に届く太陽光の軌跡は互いに平行である

この3つを絵で表したのが**図4**です。

ここで注意が必要になります。図では上記の3つにポイントを絞るため、やむを得ずその他の現実の一部をゆがめて描いています。月は地球と比べてこれほど大きくはありませんし、これほど地球に近くもありません。さらに、月が毎月、地球の影に入って月食を起こし、地球と太陽の間に入って日食を起こすかのように描かれていますが、そうしたことも現実には起きません。地球を回る月の軌道面は、太陽を回る地球の軌道面に対してわずかに傾いているからです。

いかなる時点でも、常に太陽光は月の表面の半分、そして地球の表面の半分だけを照らし、残りは日陰になります。地球ではこの日陰を「夜」と呼びます。**図4**を見てください。地球を表す大きな円と破線の接する点に立つ観測者は、1日で1回転する反時計回りの地球の自転によってちょうどこの日陰に入ったところです。この観測者からは天空の一部分、破線で示された地平線の上にある部分しか見えません。巨大な地球が残りの視界を奪っているからです。この観測者から見える月は、反射光のかなり薄めの切片です。この切片は両端を太陽の反対側に向けた三日月として観測されます。地球の自転が観測者を反時計回りに運ぶにつれて、月は観測者から見た地平線の下へと沈んでいきます。

図5は、地球を回る月を4つの位置で描いています。それぞれの位置はおよそ7日間離れています。この回転運動が1周するのにかかる時間はおよそ29.5日――中世英語では“a moneth”、現代英語では“a month”（1カ月）です。月がそれぞれの位置にあるとき、地球の夜側にいる観測者から見える、太陽光に照らされた月の表面の大きさはそれぞれ異なります。この異なる見え方が月の満ち欠け（月相）です。満ちていく半月、満月、欠けていく半月、新月――そしてそれらの中間にある各相。1カ月かけて地球を回る月の動きは1日1回転する地球の自転に比べれば遅いため、

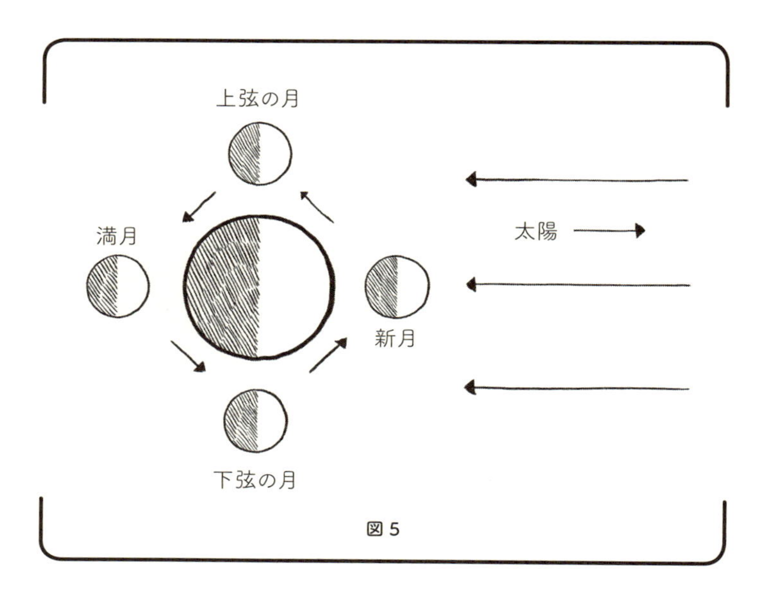

図5

地上の観測者は一晩中月を見ていてもまったく同じ相しか見られません。

月の満ち欠けが存在し、このように繰り返される仕組みを最初に明らかにしたのが誰なのかはわかっていませんが、この仕組みの重要なポイントを説明した文章を最初に書き残したのは、ギリシャの哲学者アナクサゴラス（紀元前500年頃～紀元前428年）です。アナクサゴラスは、いまのトルコにあたる小アジア西岸の真ん中あたり、ギリシャ語を話す人々の都市クラゾメナイで生まれました。長じて後はアテネで20～30年暮らし、ペロポネソス戦争の始まりやその他の刺激的な出来事に立ち会い、また紀元前五世紀のアテネが生んだ数々の偉業にも直接触れることになりました。彼のアテネ時代は、ほぼ同世代となるアテネの悲劇詩人ソフォクレスとエウリピデスや、若きソクラテス（紀元前469年〜紀元前399年）とも重なっていたはずです。

アナクサゴラスは本も書いていました。ソクラテスがそのうちの1冊を読んだと明言しています。内容はあまり気に入らなかったようですが。今日、わたしたちはアナクサゴラスの文章のわずかな断片しか知ることはできません。それらは古代文書のなかに引用されるかたちでしか残っていないからです。その1つは「太陽が月を光らせている」[*1]というものです。アナクサゴラスの時代から400〜500年後の評論家、アエティウスとプルタークは、月の満ち欠けの仕組みを初めてはっきりと説明したのはアナクサゴラスであるとしています。また、3世紀に活躍した哲学者のディオゲネス・ラエルティオスは、書物に初めて解説図を入れたのもアナクサゴラスだと書いています。もし本当に彼が月の満ち欠けの仕組みを図解したのであれば、**図5**にかなり近いものだったでしょう。

アナクサゴラスでもっとも有名なのはその独創的な宇宙論です。この世のすべてに関する彼なりの解釈といってもいいでしょう。その宇宙論の第1原則は、「万物を司り、秩序づけるのは知性である」というものでした。アナクサゴラスは何かにつけて知性を持ち出すので、当時の人々はギリシャ語で知性を意味する“nous（ヌース）”というあだ名を彼につけたほどです。ちょうどわたしたちが多少の皮肉を込めて誰かを「知性派」と呼ぶのと同じですね。ソクラテスは、アナクサゴラスが「知性」という概念を徹底的に突き詰めなかった点に深く失望しています。アナクサゴラスは物事の原因を説明する際に、知性という観点からは考えませんでした。知性があれば、美しさとか役に立つとかいった目的があって何かを生み出すでしょう。しかし彼は、創造の理由をもっぱら物質的で機械的な原因に帰す傾向がありました。そうした彼の物質的な考え方の1つが、太陽およびすべての恒星は燃える金属の塊にすぎないとするもので、これによってアナクサゴラスは不敬の罪に問われてアテネから追放されたのです。

4

エンペドクレスによる空気の発見

Empedocles Discovers Air

〔紀元前450年〕

わたしたちの周囲にある空気は無色透明で匂いも味もしません。ふだんは音も出さないし、その中を動き回っても抵抗を感じることもありません。もちろん、背中にそよ風を感じたり、顔に風が当たったりすることはあります。まれに竜巻が堅牢な建物を吹き飛ばしたり、暴風で海が荒れて近隣地区が海水に飲まれるといったことも起きます。シチリアのアクラガス出身のエンペドクレス（紀元前490年～紀元前430年）をはじめ、わたしたちの祖先が数千年にわたりこうした現象に気づいていたのは間違いありません。エンペドクレスは、ギリシャ人哲学者や宇宙論者のなかでも物理学的センスを持ち、この世界の根本原理――彼に言わせれば「万物の根源」――を追究した数少ない人物の1人でした。

図6

タレスは万物の根本原理を水だと考えました。そう考えた理由は、おそらく水がどこにでもあり、またごく普通の環境下で固体・液体・気体という3つの異なる形態をとるからでしょう。ピタゴラス学派は万物の根本原理を数だと考えました。そしてアナクシメネス（紀元前500年頃）は空気だと考えたのです。ヘラクレイトス（紀元前495年頃）は、法則（ロゴス）は変わらず存在し続ける一方で、物的存在はすべて変わりゆくと考えました。それをこんなふうに言っています。「人は同じ川に2度と入ることはできない。なぜなら1度目とは違う水が、さらにまたそれとも違う水が次々と流れてくるからだ」[*2]。

エンペドクレスは、わたしたちが体験するこの世界の変わりやすさと安定性の両面を説明するため、万物はわずか4つの元素から構成されていると主張しました。土、空気、火、そして水です。彼はこれらの4元素は新たに生成されることも破壊されることもないと考えました。そして、愛と憎しみの作用によってさまざまな量の土、空気、火、水が結合したり分離したりするため、わたしたちの体験する世界は変化に富むのだと説明しています。このエンペドクレスの4元素は、かなりの時を経て、アリストテレス学派および中世の宇宙論へと変化しました。

エンペドクレスが空気を4元素の1つと考えたきっかけは何だったのでしょうか。空気はとらえどころのないものであり、土、火、水などと同列とするのはかなり奇妙なことです。たとえば鍋を火にかけて水を沸騰させれば、水が蒸発する様子は目に見えますが、蒸発を助ける空気の働きは目に見えません。同じように、鍋の下の火は見えますが、その火を燃焼させている空気は目に見えません。エンペドクレスの著した叙事詩『自然について』は数百行の断片だけがいまも遺っていますが、その一断片に答えの手がかりが記されていました。彼は呼吸の仕組みを説明するのに、人間の肺や肌にある小さな穴を「**クレプシドラ**」にたとえました。これは古代の水時計の中核となる部品で、開口部の広い瓶のような形をし、底部中央の小さな排水口から排水できるようになっています。エンペドクレスは次のように書いています。

「少女が光沢のある青銅のクレプシドラで遊んでいるとき、管の出入り口をその美しい手で塞ぎ、輝くなめらかな水の中にひたすと、液体は容器の中に入らず、そこにある空気の塊が近接する穴を内側から押し返し、少女が手を放すまで、液体を締め出している。その手が離れて空気が外へ流れ出るとたちまち水が入ってくる」*3。

図6はエンペドクレスが観察した現象を図示したものです。前述の叙事詩によれば、少女はクレプシドラを逆さまにして「管」、すなわち排水口を手で塞ぎ（**図6**では手の代わりに栓を使っています）、開口部を「輝くなめらかな水の中」に沈めます。興味深いことに、「何か」が水の上昇を食い止め、クレプシドラの内側には外側と同じ高さにまで水が入らないようにしているのです。その「何か」が空気です。なぜなら、少女が手を離すと管を閉じていた蓋が消え、空気は管を通って急速に出て行くため、クレプシドラの下に満ちていた水が上がってくるからです。もし空気が実在することをわずかでも疑ったことがあるなら、台所のシンクを水で満たして漏斗（ろうと）を使い、このささやかな実験を再現してみるといいでしょう。

タレス、アナクサゴラス、エンペドクレスを含め、ソクラテス以前のギリシャの独創性豊かな哲学者たちのほとんどは、唯物論的な考え方をしていました。彼らはなるべく少ない数の、矛盾のない、もっとも理にかなった原則でこの世の現象を説明しようと努めました。ありふれた現象（水は3つの形態で存在する、など）を観察することで宇宙の成り立ちを考える一方で、発見および検証の手段として常に推測と議論を用いました。彼らは実験をしなかったのです。
しかし、次のように想像することは可能です。エンペドクレスは、叙事詩に描いた少女の真似をしてみたいという誘惑に勝てなかったのではないでしょうか？　本人も実際にクレプシドラで遊んでみたのでは？　もしそうだとすれば、エンペドクレスは当時のギリシャ人哲学者にはまずみられない珍しいことをした人だといえます。自然についてただ考えを巡らすだけでなく、新しいことを知ろうという明らかな意図を持って自然現象を自らの手で操ったのです。そう、いまでいう「実験」です。

5

アリストテレスの考えた宇宙

Aristotle's Universe

［紀元前350年］

「いずれは科学者がそのやり方を見つけるさ」。誰かがそう言うのを一度くらい聞いたことはないでしょうか。その部分には好きなものを入れてみてください。たとえば「光速を超える速さで移動する」「エネルギー効率100％の熱機関をつくる」「宇宙マイクロ波背景放射をエネルギーに転換する」など。実際、いまは不可能だと思われている事柄のうち、じつは完全に可能だったことが今後明らかになるものもあるでしょう。しかしながら、わたしたちが夢見ることのすべてが可能になることはありえません。結局のところ、この世界には「自然（nature）」と呼ばれるルールがあるからです。ただ存在するにせよ、何かになるにせよ、変化するにせよ、しないにせよ、常にこのルールに従います。

自然について知り、役立てる方法を見つけることはできるでしょうが、自然そのものを変える能力をわたしたちは

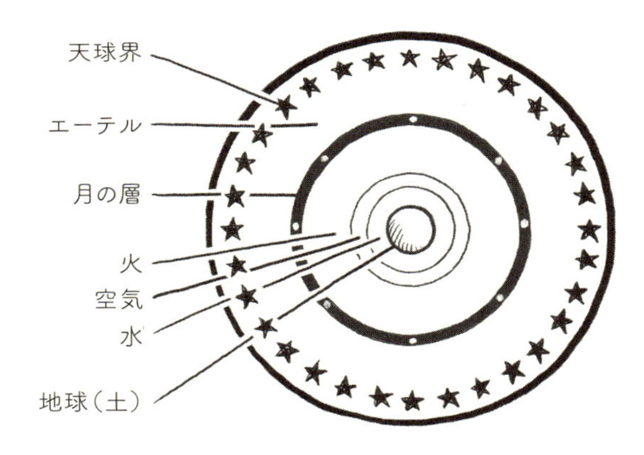

図7

持ち合わせていません。フランシス・ベーコン（1561年～1626年）は「人間は自然に服従することによってのみこれを支配できる」と言いました。アリストテレス（紀元前384年～紀元前321年）は、自然に関して重要このうえないこの考え方を後世に遺しました。これは「科学者とエンジニアにはあらゆることが可能だ」と信じている人々がおそらくは無意識に否定している考え方でもあります。

「nature」の語源はラテン語で、ギリシャ語ではφύσις、またはphusisと表記し、英語のphysics（物理学）という言葉もそこから派生しました。もちろん、現代物理学はアリストテレス学派の考えを否定するなかから生まれてきたわけですが、それでもなお、自然についてのアリストテレスの考え方は、現代物理学の日々の研究を支える基盤となっています。

図7はアリストテレスの宇宙像を示しています。ありのままの宇宙ではなく、むしろアリストテレス宇宙がその性質上、いつかは至るはずの究極の状態を示しています。土と水は中心に向かって下降していきます（水に比べて土は間断なく落ち続ける）。空気と火は中心から離れて上昇していきます（火のほうが空気より軽々と上昇する）。このように、月の層より下の世界を特徴付けるのは（4元素の）上昇運動と下降運動です。一方、月の層より上（天球）にある物体は「クインテセンス」または「エーテル」と呼ばれる第5の元素からできています。図には描かれていない太陽と動き回る星（すなわち惑星）も、恒星も、それぞれが透明な層に属していて、それらの層によって地球を中心とする同心円上を動いています。天球界を特徴付けるのは円運動です。

アリストテレスの宇宙像は、その特徴の多くをソクラテス以前の先人から借用しています。たとえば「4元素（土、空気、火、水）」や「天球」がそうです。さらにいえば、「自然」という概念もソクラテス以前の先人たちが初めて構築しました。アリストテレスはこれらの概念を1つの整理された全体像、すなわち「コスモス（秩序を持つ宇宙）」にまとめ上げました。これは当事の人々の抱いた疑問に対する1つの答えであり、しかも普通に観察される現象とも矛盾しないものでした。

とはいえ、例外もありました。たとえばアリストテレスは月の層より下の世界を特徴付ける上昇運動と下降運動以外のものの動き方も見ていたはずです。土くれを空中に投げれば放物線を描いて飛んでいきます。最初は上昇し、次に下降しますが、常に投げた方向に水平な動きもともないます。アリストテレスは、物体の運動には動力が必要だが、その動力がその物体の自然な性質ではない場合、物体を動かす動力は外部から不自然かつ「暴力的に」与えられ続けているはずだ、と考えました。そして、土くれの不自然な水平運動をもたらした原因は、それを投げた手であり、土くれが切り裂いていく空気であると説明します。

このような見方に立てば、物体に働きかけてその反応を研究すること、すなわち実験は、自然を研究するうえで信頼できる方法ではありません。なぜなら、そのようにして研究した対象は何ら自然と関わりがないため、何も得られないことになります。たとえば、ある方向に土くれを投げた少年の気まぐれさを研究しても何にももたらされません。自然現象に手を加えるというのは、自然の摂理を台無しにすることである——少なくとも、アリストテレスはそう考えました。

にもかかわらず、アリストテレスは偉大なる自然の観察者でした。著名な科学史家のジョージ・サートンは「人類史上でもっとも偉大な哲学者かつ科学者の１人」[*4]としています。てこの原理を発見し、また最初に体系的な気象学を研究したのもアリストテレスです。彼は「植物学、動物学、解剖学に関するとてつもない量の調査研究を続け、性、遺伝、栄養、生長、適応といった生物学の基本的諸問題をはっきりと認識していた」[*5]とサートンは述べています。さらにアリストテレスは、論理学の構成要素を体系化し、帰納法を考え出しました。また、彼が書き残した文学評論や倫理学、形而上学についての論文はいまでも古びていません。実際、さまざまに枝分かれした人類の知識のなかで、アリストテレスが寄与しなかった分野などほとんどないのです。

紀元前335年、アリストテレスは哲学と科学の学校をアテネに開設し、「リュケイオン」と名付けました。アリストテレスとともに学んだ者や彼を奉ずる者たちは、逍遥（ペリパトス）学派として知られるようになります。この名は、彼らがあちらこちらを散歩しながら学んだことに由来しています。アリストテレスのもっとも有名な弟子は、マケドニア国王フィリッポス２世の息子で、当時知られていた全世界を征服したアレキサンダー大王です。

アリストテレスは天球界を完全無欠だと考えました。月下の世界と異なり、天球界の運動は完全に自然であり、誰が見ても美しく、その運動の根本的原因となるのは善への欲求だけであるとしました。なぜ、アリストテレスの宇宙観が2000年以上にわたり人々の考え方や学問に影響をおよぼしてきたのか、その理由を理解するのは難しくありません。結局のところ、毎晩のように天国を見上げてその完璧さに感動できるのは、わたしたちにとって大きな特権であり、喜びなのです。

6

太陽と月の相対距離

Relative Distance of the Sun and the Moon

［紀元前280年］

サモスのアリスタルコス（紀元前310年〜紀元前230年）は、月と太陽の相対距離を地上から割り出した最初の１人です。その方法はタレスと同様、相似または合同な三角形の性質を利用したものでした。とはいえ、それを天体間の相対距離の算出に用いたアリスタルコスのほうが、はるかに大胆です。彼が前提としたのは、月の光が太陽から来ているという１点だけでした。

図8はアリスタルコスの考え方を図示したものです。地球から月までの距離に対して太陽までの距離が近すぎる点は割り引いて見てください。さて、地球から見て月のちょうど半分が暗く、ちょうど半分が明るいとき、要するに半月のとき、月と太陽を結ぶ直線は地球と月を結ぶ直線に直角に交わるはずです。アリスタルコスはこのことを理解していました。とすれば、半月のときに太陽と地球を結ぶ直

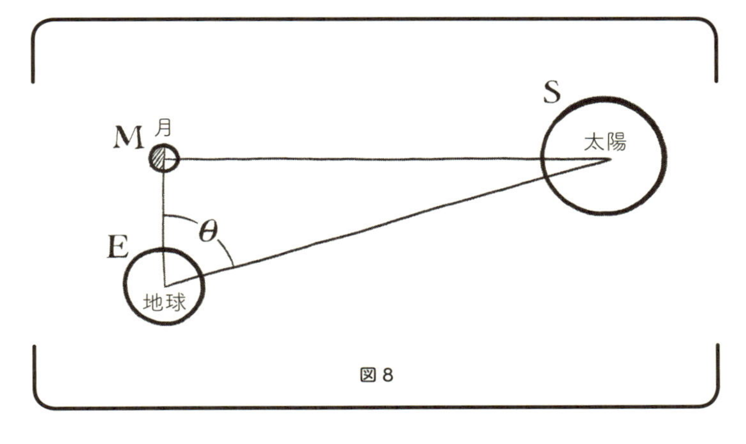

図８

線と地球と月を結ぶ直線とでつくる角度、すなわち直角よりわずかに鋭い角θを測ることができれば（難易度は高いですが）、地球・月・太陽がつくる直角三角形の形状について必要なことはすべて明らかになります。「ある直角三角形の形状について知るべきことのすべて」を知っていれば、それと相似の三角形をパピルスに描くなどして、太陽・地球間の距離を表す辺ＳＥと月・地球間を表す辺ＭＥの比率、すなわち比ＳＥ/ＭＥを割り出せたわけです。

アリスタルコスのやり方で導き出した比ＳＥ/ＭＥに従えば、地球から太陽までの距離は地球から月までの距離のおよそ20倍となります。実際の比ＳＥ/ＭＥは400弱ですが、アリスタルコスの用いた方法自体は正しいものでした。当時のアリスタルコスが利用できた計測技術を考えれば、もっと正確な数値が出せたはずだと主張する学者もいますが、もしその通りだとしても、おそらくアリスタルコスの関心は新しい方法論の開拓にあり、その正確な運用にはそれほど関心がなかったと思われます。

アリスタルコスについては、地球が地軸を中心に日々自転し、太陽を中心に1年ごとに公転しているという地動説を主張したことのほうが有名です。しかしながら、その説は当時の人々にほとんど受け入れられませんでした。もし地球が静止している太陽の周囲を1年かけて公転しているなら、地球から見た恒星の見かけ上の位置は1年の間に変化しなければおかしい――この矛盾をアリスタルコスが解決できなかったからです。現在では、地上の観測者が動くことで生じるこの現象、すなわち「恒星視差」を観測するには、地球からもっとも近い恒星でさえあまりに遠すぎて裸眼では無理であることがわかっています。

図8は天動説でも地動説でも関係ない点に注意してください。どちらの説に立ってもアリスタルコスの相対距離の測り方に問題は生じません。どちらの場合も月は地球の周囲を回っているからです。したがって、当時の人々がアリスタルコスの算出した相対距離を受け入れつつも、彼の唱えた地動説を否定したことは矛盾していないのです。

アリスタルコスが持論を展開した著作『太陽と月の大きさと距離について』では、太陽や月までの距離だけでなく、それらの大きさについても論じています。月と太陽の（地球と比べた）相対的な大きさを求める方法でも彼は優れた

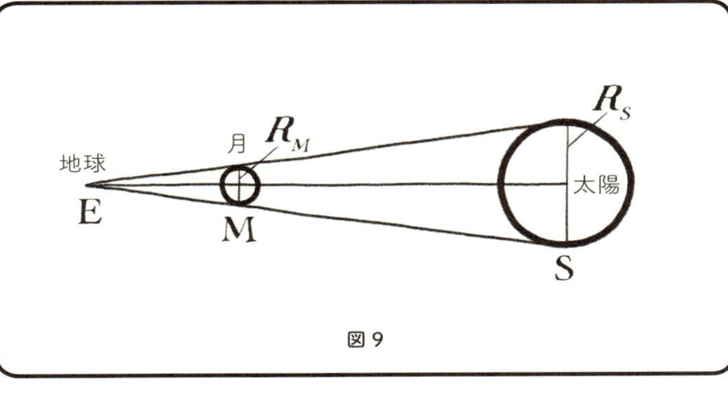

図9

洞察力を発揮しました。皆既日食の際、月の表面によって太陽の表面は完全に覆い隠されますが、両者がちょうど同じ大きさに見えることに気づいたのです。**図9**がその状態です。この図で、大きな直角三角形と小さな直角三角形は相似関係にあるため、太陽と月の地球からの距離の比（SE/ME）はそれぞれの半径の比（R_S/R_M）に等しいはずです。したがって、地球から太陽までの距離が月までの距離の20倍――とアリスタルコスは考えていました――であるならば、太陽の大きさも月の20倍になるはずです。実際には、太陽までの距離は月までの距離のおよそ400倍であり、太陽の大きさはまさしく月のおそよ400倍です。

アリスタルコスはさらにもう1つ、自分の理論を補足する説を練り上げました。月食の際、月が地球の影に入り始めてから入りきるまでの時間は、月が完全に地球の影に隠れている時間とほぼ等しいことに気づいたのです。だとすれば、地球が月の方向に向けて落とす影がおおよそ円筒形であることを前提に、地球の半径は月の半径の2倍に違いないと考えました。そして、もし地球の大きさが月の2倍で太陽の大きさが月の20倍ならば、太陽の大きさは地球の10倍であるはずだと。先ほどと同様、アリスタルコスの用いた数字は不正確でしたが、それでも彼の推論の方法は間違っていませんでした。現代の観測技術によって、地球の大きさは月の約4倍、太陽の大きさは地球の100倍程度だとわかっています。

アリスタルコスが用いた手法からは、当時の知性のあり方が見て取れます。彼はエウクレイデス（ユークリッド、紀元前300年頃に活躍）に少し遅れて生まれ、幾何学の定理が広く知られるようになった時代を生きました。この頃から天文学の学識は幾何学の思考方法を使って組み立てられることが増えてきます。こうして物理学は哲学と袂を分かち始めるのです。同じ頃、ギリシャにおける学問の中心地はアテネを離れ、ナイル河口近くに建設された新都市アレクサンドリアに移りつつありました。アリスタルコスが生まれ育ったサモスを離れてアレクサンドリアまで足を運んだかどうかはわかっていませんが、彼の人生はアレキサンダー大王の世界統一をきっかけに始まった文化的大動乱期の初期段階にぴたりと重なっています。

7

アルキメデスの天秤

Archimedes's Balance

［紀元前250年］

紀元前300年頃、エウクレイデス（ユークリッド）は当時の数学的知見をまとめて、**定義、共通概念**（公理）、**公準**（要請）、**命題の証明**というかたちに整理しました。定義のなかには「線とは幅のない長さである」といったおなじみのものもあれば、「直線とはその上にある点について一様な線である」といった少し奇異に感じられるものもあります*6。共通概念とは、あらゆる種類の推論に共通する自明の（証明が不要な）記述で、たとえば「同じものに等しいものは互いにも等しい」といったものです*7。公準とは、正しいと思われているけれども証明はされていない記述を何点か集めたもので、たとえば「すべての直角は互いに等しい」などが含まれます。命題とは、公準と共通概念と証明済みの命題だけを使って正しいことが証明された文です。こうしてまとめられた全13巻におよぶ『（ユークリッド）原論』は、広範囲におよぶ演繹的論証の一体系であり、現在まで2300年にわたって厳密な思考法の1つのお手本となっています。真実の多くは「正しい」と主張するだけでなく、その正しさを証明できる――これがこの論証体系の傑出した教えです。

『原論』の読者はその内容に心底驚き、魅了されます。トマス・ホッブズはたまたま手に取った『原論』第1巻の命題47**ピタゴラスの定理**を読み、こう叫んだといわれています。「絶対に証明不可能だ！」。それからホッブズは命題47の証明を読み、次にその証明で使われた他の命題の証明を読み、といった具体に気がつくと第1巻の大半を逆から読破していたといわれます。普通の人にはこんな読み方はおすすめしませんが。アメリカの詩人エドナ・セント・ヴィンセント・ミレイは、『原論』を読んだ感動をシェークスピア風の詩にしました。その詩、『ただエウクレイデスのみが、ありのままの美を』を一部引用してみましょう。

……ガチョウは勝手に
鳴きわめかせておけばいいが、英雄は解放を求める
ほこりまみれの囚われの身から、清明なる空気のもとへ
ああ、目を曇らす時間よ、おお、聖なる困難な日よ
初めて彼の視界に一条の直線が差す
つぶさに分析された光の一条が
ただエウクレイデスのみが、ありのままの美を見た……[*8]

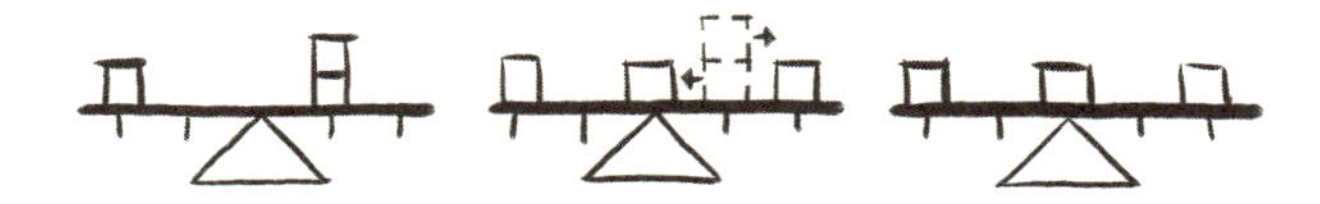

図10

アルキメデス（紀元前287年〜紀元前212年）は間違いなく古代におけるもっとも独創的な数学者および物理学者でしたが、彼もまたエウクレイデスに魅了され、自身が発見した「**物体の釣り合い**」に関する知見をまとめる際、エウクレイデスに従い公準・命題・証明を使った体系にしました。

図10はアルキメデスの著書『平面の釣り合いについて』に登場する命題6と命題7を表したものです。2つの命題はセットで「**てこの原理**」になります。これは「2つの物体は重さの比に反比例する距離にあるとき釣り合う」というもので、体重の違う2人の子供がシーソーで釣り合っている様子を見れば理解できるでしょう。太い横線は天秤の梁、三角形は梁の支点を表しています。細く短い縦線は支点を中心に梁の左右を等間隔に区切る目印で、ブロックは

1単位の重さを意味します。**図10**の左側の絵では、支点の右側1単位の距離に2単位の重さがあり、支点の左側2単位の距離に1単位の重さがあります。すなわち、左右のブロックは重さと反比例する距離だけ支点から離れています。

図10では1つの具体例を使って「てこの原理」を証明しています。この証明に必要なのは2つの前提だけで、いずれもごく当たり前の内容です。1つはアルキメデスの公準1で「（支点から）同じ距離にある同じ重さは釣り合う」というもの。もう1つはすでに証明済みの命題4で「2つの等しい重さを合わせたときの重心は、それぞれの重心を結ぶ直線の中点にある」というものです。ここで「重心」とは、重さの等しい2つの物体を、その2つの合計と同じ重さを持つ1つの物体と入れ替えても変わりがないような位置を指しています。すなわち命題4は、**図10**の真ん中の絵が成立する根拠となっています。真ん中の絵は左の絵から右の絵に至る変化の過程を表し、左側の絵の「釣り合い」と右側の絵の「釣り合い」が等価であることを説明しています。公準1に従って、当然ながら右側の絵で重さは釣り合っています。したがって、左から右へ（または右から左へ）という3枚の絵の変化は、支点の右側1単位の距離にある2単位の重さが支点の左側2単位の距離にある1単位の重さと釣り合うことを証明しているのです。

アルキメデスは、これよりもさらに一般化されたやり方

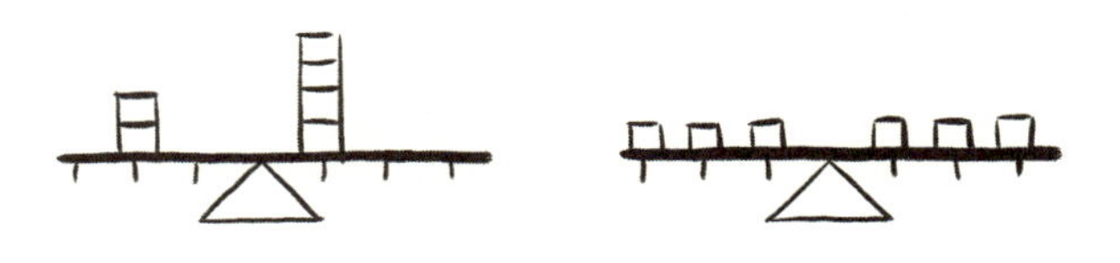

図 11

で証明を行いました。とはいえ、上記の証明はアルキメデスの命題4を根拠に生まれた次の法則を利用しています。「任意の位置に置かれた重さは、その位置から左右にそれぞれ等距離に置かれた半分の重さ2つによって代替できる」――。この法則を数回繰り返すことで、**図11**の2つの釣り合いが物理的に等しいと示すことができます。みなさんも挑戦してみてください。ただし、支点の真上にブロックを置いてもかまいません。

アルキメデスは一時期アレクサンドリアに住んでいた可能性があります。もしそうであれば、わずかに年下のエラトステネス（紀元前276年～紀元前194年、本書に後ほど登場）とも知り合いだったかもしれません。いずれにせよ、アルキメデスは人生の大半を故郷のシチリア島シラクサで過ごしました（当時は古代ギリシャの都市シュラクサイ）。紀元前8世紀以降、シチリア島とイタリア本土南東岸にはギリシャの植民者が住んでいました。アルキメデスが生きた時代、ローマ人はその領土をイタリア半島およびシチリア島へと拡張し、北アフリカの都市カルタゴと死闘を繰り広げていたのです。シラクサとそこに住むアルキメデスは、ローマ人による領土拡張の進路のど真ん中に位置していました。

8
アルキメデスの原理
Archimedes's Principle
［紀元前250年］

あるきわめて難しい問題の解決方法を探し求めていたアルキメデスは、お風呂に入っているときにそれを思いつき、「エウレカ！　エウレカ！（見つけた！　見つけた！）」と叫びながら浴槽から飛び出した――と伝えられています。いったい何を見つけたのでしょうか？　ローマの軍事工学者だったウィトルウィウス（紀元前75年頃～紀元前15年頃）がこのエピソードを書き残したのは200年後のことでした。それによれば、アルキメデスが見つけたのは、シラクサの王ヒエロンがつくらせた王冠が果たして命令通り黄金だけでできているのか、それとも銀が混ざっているのかを見分ける方法でした。このエピソードはあまりにもできすぎていて、事実とは思えないほどです。アルキメデスは自分の身体をお湯に沈めながら「物体を液体に沈める」という方法を思いついたというのですから。いずれにせよ、ウィ

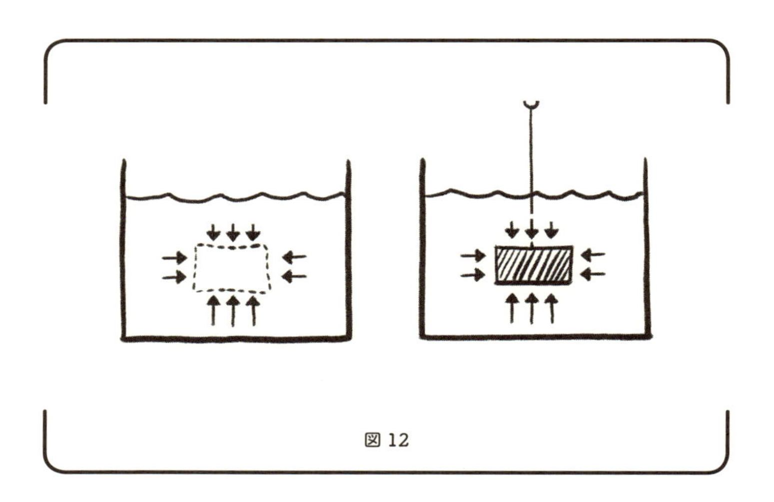
図 12

トルウィウスはアルキメデスが発見したこの方法について、詳細は書き残していません。

図 12 が示すのは、物理の先生が**アルキメデスの原理**と呼んでいるものの背後にある物理法則です。この原理については、アルキメデスが著書『浮体について』第1巻の命題3から7で説明しています。アルキメデスの原理は平易な言葉づかいで鮮やかに論証されており、本当にヒエロン王の王冠の成分を見極めるのに使われたとしても不思議ではありません。

図 12 の左側に描かれているのは水を満たした容器で、水は静止状態にあります。液体であれば水でなくてもかまいません。点線は液体の一部分を示し、矢印は「点線の外側にある液体」が「点線の内側にある液体」に与える圧

力の方向と強さを表しています（矢印が長いほど圧力も強い）。そう、深い位置ほどこの圧力は強くなります。ゆえに「点線の内側にある液体」を上方に押し上げようとする圧力は、下方に押し下げようとする圧力よりも強くなります。実際、容器内の液体が静止状態にあるためには、ちょうど「点線の内側にある液体」の重さを支えられるだけの正味の上方圧力が存在しなければなりません。

図12の右側を見てください。「点線の内側にあった液体」はいまや、まったく同じ形の物体に置き換えられています。この物体は沈まないように糸で支えられています。右側の絵の「物体の外側にある液体」と左側の絵の「点線の外側にある液体」とはまったく同一なので、二つの「外側にある液体」が生み出す正味の圧力もまったく同一です。したがって、物体の外側にある液体がこの物体を上方に押し上げようとする正味の力の大きさは、この物体に置き換えられた液体の重さと等しくなります。これがアルキメデスの原理です。ここに至るまでの理屈は、完全に液体に沈んでいる物体だけでなく、液体に浮かんでいる物体にも適用できます。

ひとたびアルキメデスの原理を理解すれば、これを利用してさまざまな問題を解くことが可能です。たとえば物理の授業でよく出されるのがこんな問題です。

水の出入りできない閘門（こうもん）〔運河などで水位を調整するための一種の部屋〕に鉄鉱石を積んだ貨物船が停泊している（**図**

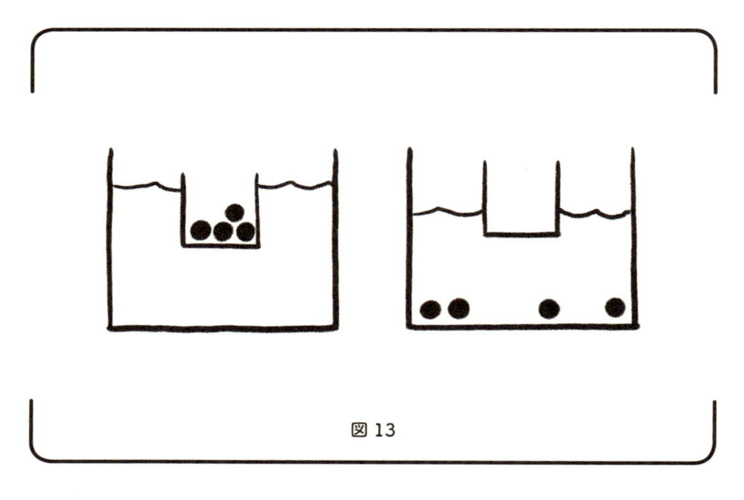
図 13

13)。ここで船長が船員に命じ、鉄鉱石をすべて閘門の底に廃棄させたとする。このとき閘門内の水位は上がるか、下がるか、それとも変わらないか？

正解にたどりつくには、アルキメデスの原理を工夫して使う必要があります（正解は「下がる」）。

また、アルキメデスは次のことも証明しました。「静止した液体の表面は球面の一部であり、その球面の中心は地球の中心に一致する」。ちょっと手を休めて思い浮かべてみてください。水の入ったすべてのグラス、コーヒーの注がれたあらゆるカップ、すべての貯水池——そのすべての表面は凸状に湾曲しており、その湾曲の中心は地球の中心なのです！　もちろん、アルキメデスの主張は水の表面張力によるゆがみを無視していますが、それでもこれは驚く

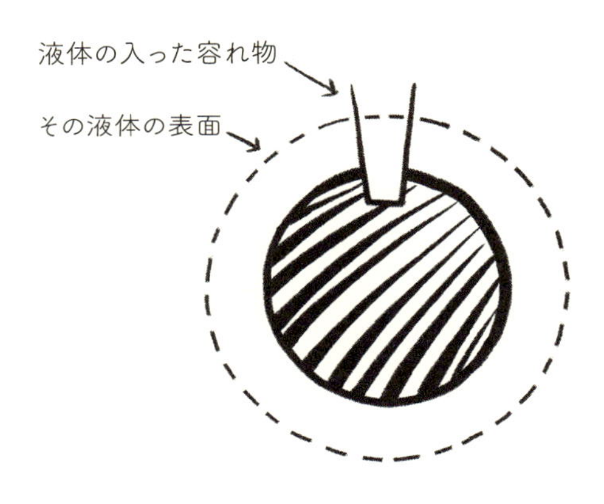

図 14

べき主張です。地球という巨大な塊が液体を引っ張り、その液体の形状を球面の一部へと変えているのです。**図 14** はそれを図示したもので、アルキメデスが行った証明のヒントも図に隠されています。証明の中身はここでは省きましょう。

アルキメデスは本来は数学者であり物理学者でしたが、物理法則を利用したいろいろな装置を発明したりもしています。たとえば、いわゆる「アルキメディアン・スクリュー」を使えば水を低い場所から高い場所へと運べますし、「複滑車」は原理的には一人でも巨大な船を非常にゆっくりと持ち上げることができる装置です。また、戦争用の武器も発明しました。「アルキメデスの熱光線」と「投石機」は、シュラクサイが紀元前212年にローマ軍に包囲されたとき、故郷であるこの都市を守るためにアルキメデスが考え出したものです。

しかし、結局はローマ人が勝ち、アルキメデスはいかにも彼らしい最期を遂げました――死の間際まで数理の問題に没頭していたのです。シュラクサイを包囲したローマ軍の司令官マルケルスは、当時75歳だったこの高名な学者を殺さないよう命令を出していました。ところが、武装したローマ軍の兵士がアルキメデスを見つけると、砂の上に図を描いて何か考えていたアルキメデスは「わたしの図を踏むんじゃない！」と高飛車に言い放ちました。これが彼の最後の言葉になりました。どうやらこの態度は、武装したローマ軍兵士に対して適切ではなかったようです。

9
地球の大きさ
The Size of the Earth

〔紀元前225年〕

エラトステネス（紀元前276年〜紀元前194年）はアフリカ北部（現在のリビア）の都市キュレネに生まれ、アテネで教育を受けました。その生涯の多くの時間をアレクサンドリアで過ごし、紀元前244年頃からアレクサンドリア大図書館の館長を務めました。この図書館の蔵書の豊かさは、エラトステネスと同時代に生きたカリマコスの仕事から推測できます。彼が作成を命じられた図書目録は、120巻にもなったのですから。カリマコスは「偉大な（すなわち大きな）本は偉大な悪である」とぼやいたそうですが、それも理解できるというものです。ともあれ、アレクサンドリア大図書館とそこに収められた偉大な本のおかげでエラトステネスは偉業を成し遂げられたのです。

エラトステネスの著作の1つに『地理学（誌）』があります。現存はしていないものの、古代にはひんぱんに引用されて

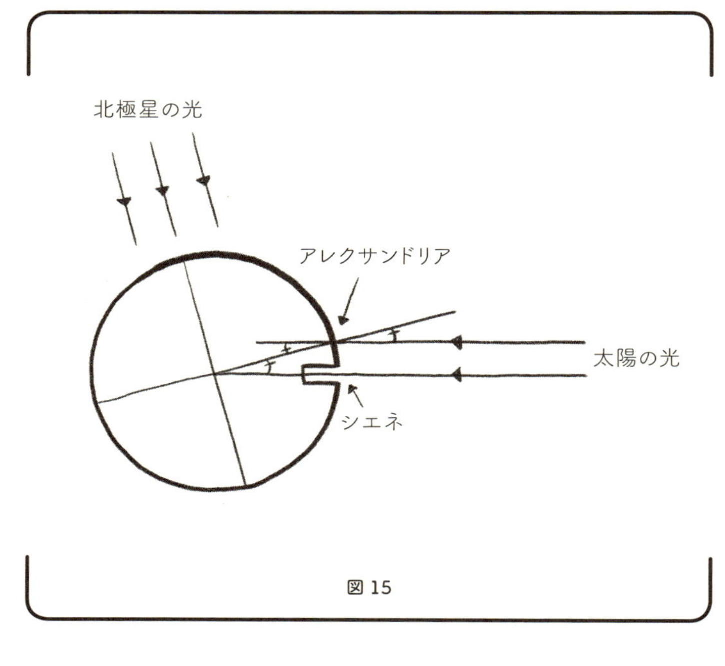

図 15

いました。この本は地理学に関する当時の知見を広く集めたもので、「地理学」という言葉を現代と同じ意味で最初に使い始めたのもエラトステネスでした。彼は地理学に関するそれまでの知見を集めて一冊の網羅的な専門書にまとめましたが、彼の死後数世紀続いたローマ時代に、多くの人がその真似をしました。たとえば大プリニウス（ガイウス・プリニウス・セクンドゥス）の『博物誌』は自然界について当時わかっていたことを網羅した書物です。とはいえ、もっとも優れたローマ人の学者でさえ、ギリシャ人から引き継いだ知識を独創的にとらえ直したり拡充したりすることよりも、そうした知識の実用的価値と娯楽的価値により関心を持っていました。

しかし、アレクサンドリアのギリシャ人だったエラトステネスは、過去の知識をただ守り伝えるだけでなく、それを土台に新しい知識を生み出しました。たとえば、当時わかっていた世界地図に初めて経線を書き加えたのはエラトステネスです。地球儀に描かれる経線は南極と北極を通る巨大な輪です。エラトステネスが地球の円周の長さを求める際、アレクサンドリアとシエネ（現在のアスワン）を通る1本の経線（子午線）が重要な役割を果たしたのです。

図15はエラトステネスが地球の円周を求めた方法です。シエネで太陽の光が深い井戸の底までまっすぐに届くとき、アレクサンドリアでは太陽光は垂直に立てた棒（グノモン）との間に360度の1/50の角度をつくる――ということにエラトステネスは気づきました。さらに、太陽はきわめて遠いところにあるため、地上に届く2本の太陽光は実質的に平行であると考えられ、またエウクレイデス（ユークリッド）に従えば2本の平行な直線と交差する一本の直線がつくる錯角は等しいことがわかっていました（**図15**参照）。ゆえに、図から読み取れる幾何学とエラトステネスの実測した数値に従えば、地球の中心を頂点とする「360度の1/50の角度」（約7度）によって、シエネとアレクサンドリアを通る子午線が地表に沿って切り取られます。つまり、

シエネとアレクサンドリアの距離は地球の円周の1/50であることがわかります。ここまでくれば、エラトステネスに残された作業は2つの都市の距離を測ってそれを50倍するだけでした。

偶然にも、シエネはナイル川の一番河口寄りの滝の近くにあり、アレクサンドリアはナイル河口に位置していました。シエネとアレクサンドリアの間でナイル川はひんぱんに氾濫したため、この二都市間の距離はしょっちゅう計測されていたのです。当時のエジプトには、ナイル川沿いの土地について区画や所有者を明確にしておく“geometer（縄張り師。幾何学者の意味もある）”という職業の団体があり、彼らは文字通り「土地（geo）を測る（meter）人」でした。エラトステネスはその記録を参考にして、シエネ〜アレクサンドリア間の距離を5000スタディオンと推定します。したがって、エラトステネスの方式では、地球の周囲はざっと25万スタディオンになります。

ところで、スタディオンとはいったいどれほどの距離なのでしょうか。古代文書に当たると少なくとも2通りの答えが出てきます。エジプトのスタディオンは1単位が158メートル。より広く使われたギリシャのスタディオンは1単位が185メールです。前者を使えば、現在わかっている地球の円周4万キロメートルと比べて誤差は1%未満になります。一方後者を使うと17%大きな数値になりますが、ここでエラトステネスの導いた数値を現代的手法で導いた数値と比べたところで、得られるものはあまりないでしょう。大事なのは、エラトステネスの選んだ方法が理にかなっていて、それが推論でなく実測に基づくものであったということです。

しかもエラトステネスは、彼の測定結果が不正確であろうことも認識していました。実際、その不正確さの程度を数値化しようと試みてもいるのです。たとえば彼は夏至の日のシエネで多くの井戸を調べ、半径およそ300スタディオンの地域内であればどの場所にある井戸でも、太陽光が井戸の底まで届くことを明らかにしました。この点のみを考慮しても、エラトステネスの導いた地球の円周にプラスマイナス6%の誤差を生じる効果があります。

エラトステネスが地球を球形だととらえていた点は驚くにあたりません。なぜなら、彼の時代のはるか以前から次の2点が知られていたからです。

① 北に向かって移動すると、夜空の星座は地平線に向けて下降し、北極星はより高い位置に上昇する
② 月食の際に月の表面に落ちる地球の影は、円の一部分の形をしている

しっかりとした観察眼さえあれば、誰もこの2つの事実に異を唱えることはできないでしょう。後は、その事実の背後にある道理を知りたいという欲求を持つかどうかです。

地球の大きさを求めたエラトステネスがそうした欲求を持っていたのはいうまでもありません。

Part2...... Middle Ages

中世

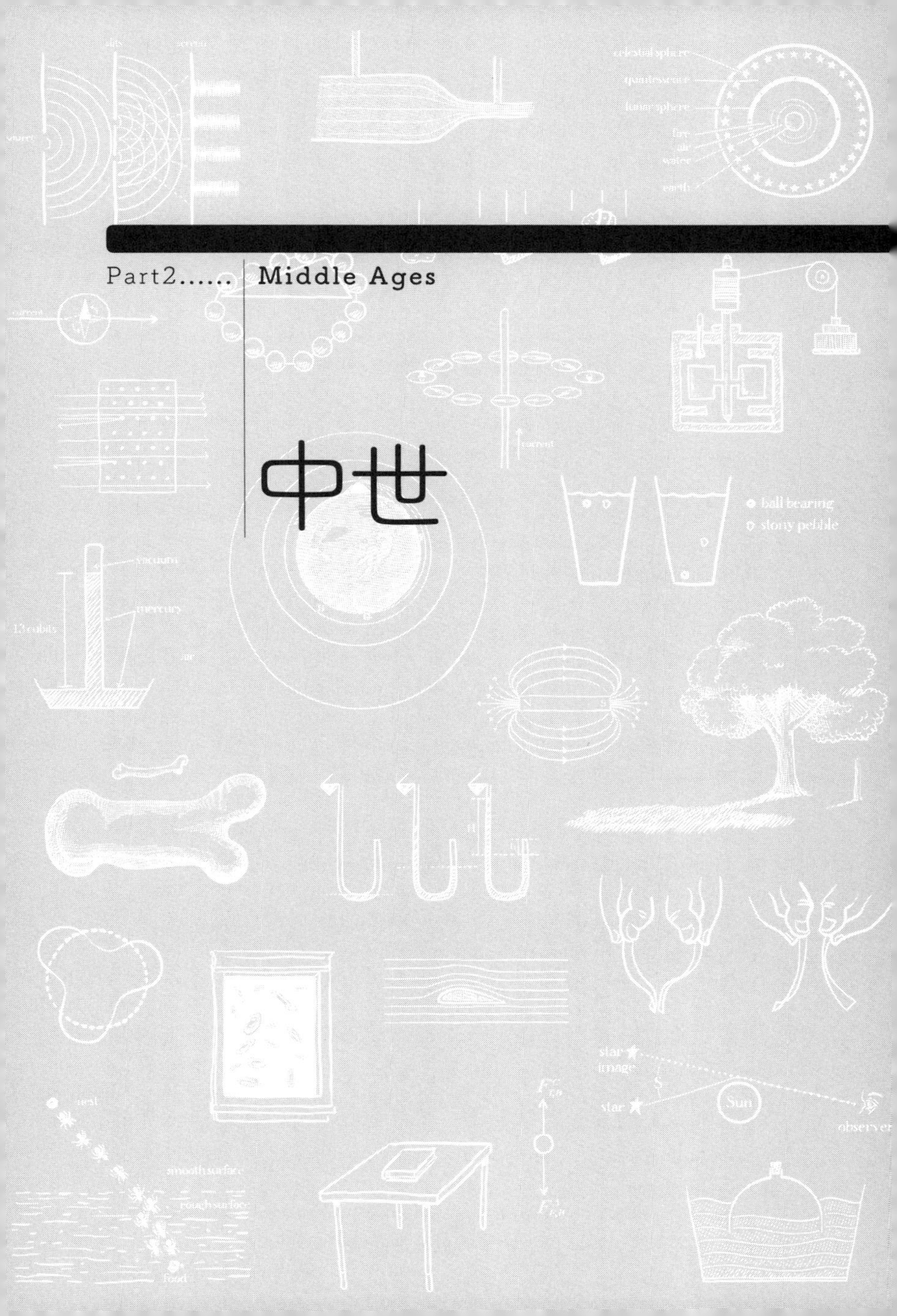

10

ピロポノスの考えた自由落下

Philoponus on Free Fall

［550年］

「苦役を愛する人」という意味の名前を持つヨハネス・ピロポノス（490年～570年）は、ギリシャ人のキリスト教徒でした。古代ローマ帝国が476年にゲルマン人の侵略を受けて間もない時代に、哲学者、神学者、そして科学者としてさまざまな仕事をします。古代ローマ帝国では380年にテオドシウス一世（347年～395年）がキリスト教を正式な国教としており、ピロポノスの活躍した時代はそれから1世紀以上たっていましたが、彼はアレクサンドリア大図書館と関わりを持つ異教徒の哲学者グループから学び、彼らとともに活動しました。

ピロポノスはアリストテレスに関する注釈（コメンタリー）を数多く書き残し、また、この世界を永遠だとするアリストテレス学派に反対する論文もいくつか書いています。また、天界の属性は地上と同じだと考えました。それゆえ、キリスト教徒

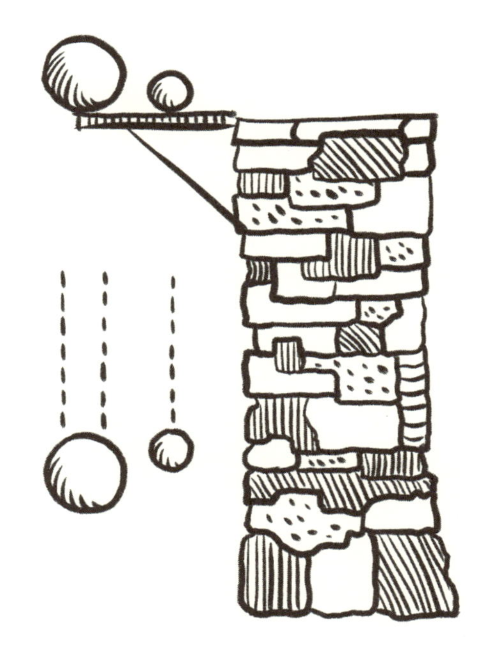

図16

の常として、そのような天界は神のいる場所ではないと信じていました。

ピロポノスは物体の運動について研究し、アリストテレスの考え方を批判しました。アリストテレスは、物体が動き続けるためには常にその物体の内部または外部から直接働きかける動力が必要だとしました。したがって、重さのある物体の落下は、物体の内部にある性質が引き起こす運動であり、その運動は物体が突き抜けていく空気の抵抗も同時に受けていると考えたのです。これと対照的に、物体を放り投げたときの横方向の動きは不自然であり、物体の外部に動力があるはずだと考えました。最初に横方向の動きを引き起こした力がまずその外部動力となり、続いて絶え間なく物体を押す空気の力が働くとアリストテレスは考えたのです。しかしピロポノスはこれに疑問を持ちました。空気は、放り投げられた物体が自然に下に落ちていく動きに抵抗しつつ、同時にその物体の不自然な横方向の動きを引き起こすなどということができるのだろうか——。とても理にかなった疑問ですね。

アリストテレスはこんなふうにも言っています。一定の高さにある静止した物体が地面まで落下するのにかかる時間は、その物体の重さに反比例する。したがって重たい物ほど速く落ちるはずである、と。しかしピロポノスは次のように反論しました。

> アリストテレスのこの見方は完全に間違っており、言葉でどのような議論をするよりも、実際の観察によってわれわれの見方が正しいことが如実に裏付けられるであろう。試しに、同じ高さから重さの違う２つの物体を落としてみ

れぱいい。片方はもう一方の何倍も重たい物体にする。そうすれば、2つの物体が地面に落ちるまでにかかる時間の比は、重さの比（のみ）によって決まるどころか、むしろ時間の差はごくわずかであるとわかるはずだ。したがって、2つの物体の重さの違いがそれほど大きくないとき、たとえば片方がもう一方の2倍だったとすれば、時間の差は生じない、もしくは知覚できないほど小さいだろう*9。

図16はピロポノスが述べた状況を描いたものです。片方がもう一方より数倍重い2つの物体を同時に落としたとき、ピロポノスの観察によれば、重いほうの物体は軽いほうの物体よりほんのわずかだけ早く地面に到着します。アリストテレスに従えば数倍早く到着するはずですが、そうでないのは明らかですね。

とはいえ、アリストテレスの考え方にも根拠がなかったわけではないのです。わずかな時間の差を正しく測るのが難しかったことを考えると、アリストテレスが「空気中の落下」のシミュレーションとして「水中での落下」を使った可能性は大いにあります。たとえば、透明な水を満たした中に、重たい小石と軽い小石を同時に落としたかもしれません。もしそうだったとすれば、アリストテレスは**図17**に描かれたように、重いほうの物体が軽いほうの物体よりも確かに相当速いスピードで落下する様子を観察したはずです。

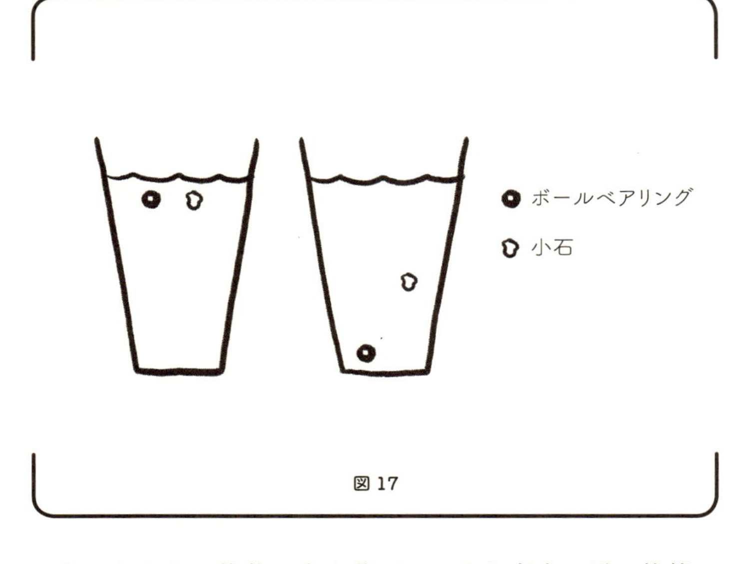

図 17

わたしたちは物体の**自由落下**、つまり真空に近い状態での落下や、空気中でのかなり短い距離の落下は、水や油の中での落下と同じではないと知っています。真空状態では、重さのあるすべての物体はまったく同じ速さで落下します。ほとんど大気のない月面で宇宙飛行士が羽根とハンマーを同時に落としたときはまさにそうなりました。ところが、十分に粘性のある液体の中で２つの同じ形をした物体を落下させると、まさにアリストテレスの言った通り、それぞれの落下する終端速度［重力と抵抗が釣り合って安定した速度］はそれぞれの重さに比例するのです。そのような落下の様子を観察するには、水で満たした深いグラスと、形と大きさがほとんど同じで質量が大きく異なる2つの物体（たとえば小石とボールベアリング）があれば十分です。

蛮族の侵略により最終的に西ローマ帝国が滅び、ローマ時代のさまざまな制度や仕組みが使えなくなったため、東方ギリシャ世界と西方ラテン世界の間でコミュニケーションの断絶が起きました。このため、西方ラテン世界の研究者は何世紀もの間、ピロポノスの著作を含めてギリシャ語で書かれた多くの文献を、物理的にも言語的にも利用できなくなったのです。

9世紀から10世紀にかけ、ネストリウス派およびイスラムの研究者たちが、こうしたギリシャ語文献の多くをシリア語とアラビア語に翻訳しました。西暦1000年までにこの翻訳作業はほぼ完了し、別の新たな翻訳の動きが始まります。今度はギリシャ語、シリア語、アラビア語からラテン語へ、という動きでした。たとえば不屈の忍耐力を持つクレモナのジェラルド（1114年〜1187年）は、70冊から80冊にもおよぶ本を苦労してアラビア語からラテン語に翻訳しました。そのなかにはプトレマイオスやアリストテレス、エウクレイデスの著作もありました。

ピロポノスの著作は14世紀になりやっとラテン語に翻訳されましたが、それでもシモン・ステヴィン（1548年〜1620年）やガリレオ・ガリレイ（1564年〜1642年）が参考にするには十分間に合いました。ステヴィンは1588年にオランダのデルフトで、ピロポノスが本に書いた自由落下の実験を実際に再現しています。またガリレオは、ピロポノスとステヴィンの実験の意味を正しく理解し、自分の理論に採り入れていたのは間違いありません。ただし、彼らと同じような実験のためピサの斜塔からモノを落としたという有名なエピソードがありますが、これが本当であるという証拠はほとんどありません。ガリレオが、おそらくは本人が行っていない実験、しかも彼の生まれる1000年も前に行われた実験の功績を与えられているというのは歴史の皮肉といえるでしょう。

11
視力の光学的仕組み
The Optics of Vision

［1020年］

イスラムの賢人イブン・アル＝ハイサム（965年頃～1040年頃）はイラクのバスラ出身で、ラテン語名の「アルハゼン」としても知られています。あるとき、エジプトのファーティマ朝のカリフが、バスラを離れエジプトに来るようにこの高名な賢人を説得しました。ナイル川が氾濫しないように流れを加減できる水路を設計し、建設するよう頼んだのです。アルハゼンはたんねんに調査し、この事業は実現不可能だと判断します。しかし、期待を裏切られたカリフの怒りを買うことを恐れたアルハゼンは、気が狂ったふりをし、極刑は免れたものの監禁されてしまいます。彼は監禁中も研究を続け、カリフの死後は再び自由の身となりました。

監禁生活というありがたくない長期休暇の期間を、アルハゼンは以前から高く評価していた2冊の本を書き写す

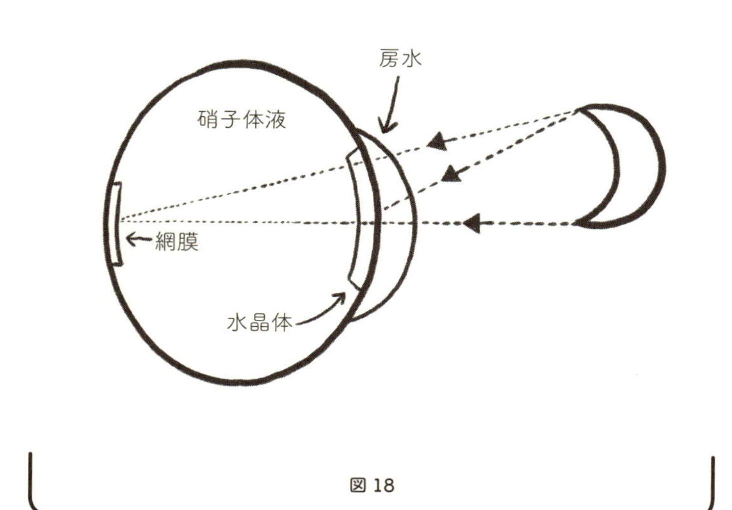

図 18

作業に費やしたのではないかと思われます。その２冊とは、エウクレイデスの『原論』とプトレマイオスの『アルマゲスト』です。ほかにもアルハゼンはもとはギリシャ語で書かれた哲学、数学、医学の文献をアラビア語で読むことができました。９世紀から10世紀にかけ、バグダッドの「知恵の館」に集った語学の達人が翻訳していたからです。

アルハゼンはギリシャの学者たちが書き残したものから、人の視力について２つの学説を学びます。１つはエウクレイデスやプトレマイオスの唱えた「外装理論」で、人の眼から放射された光線が物体に届くためにそれが見える、というものです。もう1つはアリストテレスやガレノス（129年頃～200年頃）の唱えた「内装理論」で、外装理論とは逆に、光線は見えている物体から放射されて眼に届く、とするものです。アルハゼンは、きわめて明るい物体を見ると眼が傷つくことを知っていたので、もし「外装理論」が正しいなら眼が自らを傷つけるということになってしまい、これはありえそうもないと考えました。また彼は、夜空に星が見えるのは、閉じていたまぶたを開ける一瞬の間に眼から発した光線が宇宙の果てにある星まで届くからだという説には無理があると思っていました。

それでもなお「外装理論」にはたいへん都合のいい特徴が1つありました。眼から放射され、「見えている物体」を包み込む光線は視円錐（ビジュアル・コーン）と呼ばれる円錐形をつくります（眼は点と考える）。この円錐は頂点が眼の位置にあり、「見えている物体」が底面に描かれています。視円錐によって、たとえば奥行き知覚の説明がつきます。というのも、同じ大きさの物体でもより遠くにあれば、視円錐の頂点における立体角はより小さくなります。このため、見慣れた物体ならそれがつくる立体角から距離が推測できるのです。こうした視円錐の便利な特徴を残しつつも、正しいと思われる「内装理論」を採用するにはどうすればいいのか――これがアルハゼンの直面した課題でした。

アルハゼンは「眼の中でも水晶体が視覚を感知する部位である」という間違った前提に立ったために苦労しました。正しくは、眼球の奥にある網膜に、視覚をもたらす像が形成されるのです。しかし、それがわかるのはヨハネス・ケプラーが牛の眼を解剖する1604年になってからです。アルハゼンはまた、光に照らされた物体はその表面のあらゆる場所から全方向に光を放射すると考えました。これは正しいわけですが、そのため、1点から放射された多数の光線は、それぞれ眼の表面の異なる場所に、わずかに異なる角度で入ってきます。たとえば、**図18**の三日月の上端から放射された2本の光線を考えてみましょう。眼の表面は、いったいどのようにしてこの2本の光線や似たようなその他の光線から意味を読み取るのでしょうか。

この疑問に対してアルハゼンは、絶妙な答えを考え出し、1つの視覚理論を打ち立てました。眼の表面は、曲面であるその表面に対して垂直に入ってきた光だけを知覚する、と主張したのです。これはすなわち、眼に入るときに屈折しない光だけを知覚するということです。この屈折しない光線が視円錐をつくる。つまり、屈折した光線は何らかの方法で散逸か変化させられて水晶体を刺激できなくなるというわけです。こうして、視円錐の長所を内装理論の長所と合体させることができました。言い換えれば、エウクレイデスとプトレマイオスの幾何学をアリストテレスとガレノスの因果説および解剖学に合体させたのです。

いまではアルハゼンの視覚理論には誤りがあることがわかっていますが、それでもこの理論は当時の疑問点にきちんとした答えを出し、結果として絶大な影響力を持ちました。彼の著書『光学の書』は1200年頃ラテン語に翻訳されています。アルハゼン以降に光学の進歩に貢献した人々、ロジャー・ベーコン（1214年〜1294年）、ヨハネス・ケプラー（1571年〜1630年）、ヴィレブロルト・スネル（1580年〜1626年）、ピエール・ド・フェルマー（1601年〜1665年）らはみなアルハゼンについて述べています。

アルハゼンの光学への貢献は視覚理論だけではありません。カメラの原型となった装置である**カメラ・オブスクラ**の原理を明らかにし、また、光線が1つの媒体（たとえば空気）を出て別の媒体（たとえば水やガラス）に入るとき、入射光と反射光と屈折光はすべて1つの平面上（たとえば**図19**を含む平面上）におさまることも理解していました。

アルハゼンより何世紀も前に、プトレマイオス（90年〜168年）は光の反射と屈折の実証的研究をしました。彼は、入射角と反射角は常に等しくなる（$\theta_{入射}=\theta_{反射}$）と正しく推測しました。しかし同時に、屈折角は入射角に正比例し（$\theta_{屈折}=k\cdot\theta_{入射}$）、比例定数$k$は境界面の両側にある2種類の媒体によって決まるとする間違った仮説も立てました。たとえば**図19**のように空気から水へと光が進むとき、プトレマイオスは「$\theta_{屈折}=0.8\cdot\theta_{入射}$」であり、したがって$k=0.8$だとしたのです。しかしアルハゼンは、プトレ

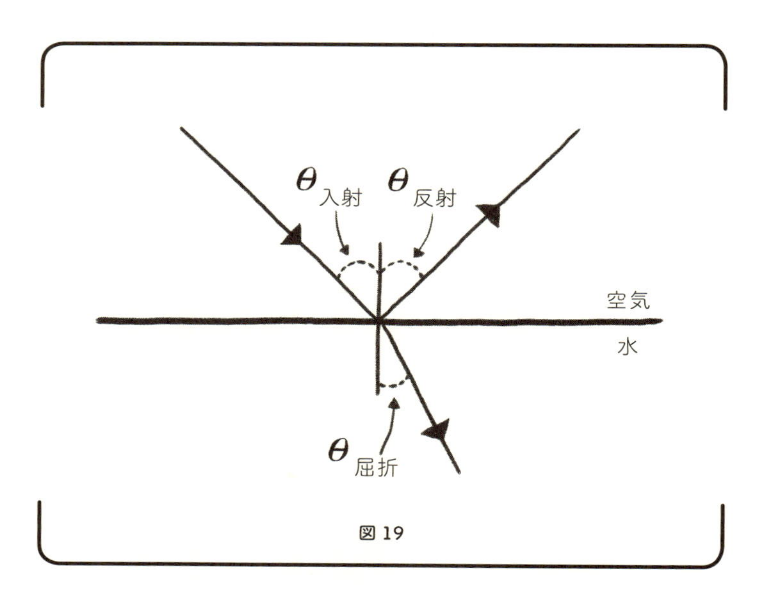

図19

マイオスの数式が成り立つのは入射角が比較的小さい場合にかぎることを明らかにしました。より一般的に当てはまる厳密な屈折理論が広く知られるのは17世紀になってからです。

12
オレームの三角形
Oresme's Triangle

［1360年］

図20に示された「オレームの三角形」は、速度（縦軸）と時間（横軸）という2つの量の関係を一目でわかるように描いたものです。最古のグラフといってもよいかもしれません。このグラフは、「**平均速度の定理**」や「**マートン規則**」と呼ばれる法則の証明にもなっています。「一定時間に動く距離を比べた場合、静止状態から等加速度運動する物体と、その物体の最終速度の半分で等速運動する物体とは等しい距離を動く」という法則です。グラフという表現を使ってこのことを証明したのは、後にフランス北西部リジューの司教になるニコル・オレーム（1323年〜1382年）です。彼は古代の賢人たちの考えを土台にして思考を積み重ねました。

古代ギリシャ、古代ローマ、および中世の数学でとりわけ進んでいたのは幾何学でした。そして、幾何学に関する

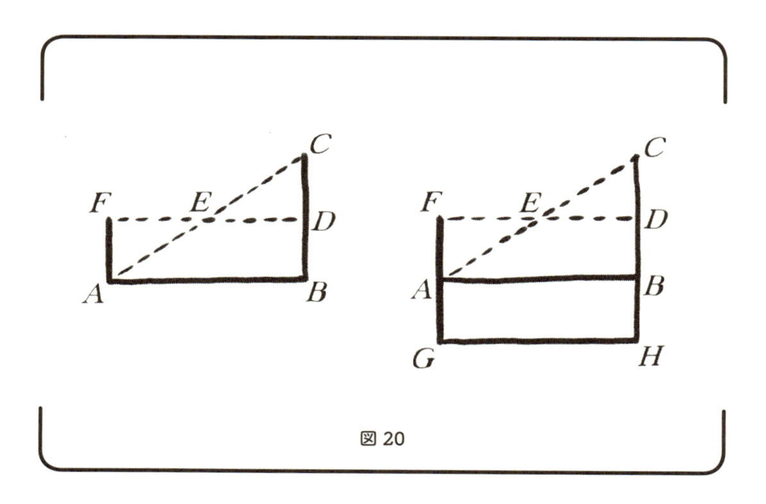

図20

書物で突出していたのがエウクレイデスの『原論』でした。全13巻の『原論』のうち、わかりやすい前半の巻にはあまり数値は出てきませんが、後半の巻では数の大きさを表すのに直線を使っています。直線の長さが長いほど数が大きく、2倍の長さの直線は数値が2倍であることを示します。

エウクレイデスの直線および数の大きさは、物質的背景を持たない抽象的な量ですが、エウクレイデス以前にはアリストテレスが、エウクレイデス以降にはアルキメデスとエラトステネスが、いずれも同じように距離を表すのに直線を非常に効果的に使いました。結局のところ、空間内の2点間の距離を直線で表せるという考えは、空間に広がる物体をスケッチすれば自然と生まれてきます。直線を標準単位に分割することでギリシャ人は空間を定量化しました。

ちょうど彼らが水時計からしたたり落ちる水滴によって一定の時間を分割し、時間を定量化したのと同じです。

これに関連する「速度」という概念は、距離と時間からできているのにもかかわらず、定量化されたのはずっと後のことでした。1325年から1350年までの時期に、オックスフォード大学マートン・カレッジの数学者と論理学者のグループ、すなわちトーマス・ブラッドワーディン、ウィリアム・ヘーティスベリ、ジョン・ダンブルトン、リチャード・スワインズヘッドの4人が定量化したのです（以下、この4人をマートン学派と呼びます）。彼らは種類の異なる運動を区別し、それぞれの関係を調べました。マートン規則が明らかにした等速運動と等加速度運動の関係もその1つです。

オックスフォード大学は、ボローニャ大学やパリ大学と同じく、もともとは教師（マスター）と研究者（スカラー）のための専門家中心のギルドでしたが、12世紀後半に大きく発展しました。こうした大学で教える教師は修辞学、法律学、医学、神学の専門家であり、研究者はそうした知識の探求者でした。大学の発展と時期を同じくして、ギリシャ語やアラビア語で書かれた重要な文献がラテン語に翻訳され、再発見されます。したがって、1325年～1350年の時期にマートン・カレッジの研究者だった前述の4人や、その数年遅れでパリ大学に所属していたオレームは、エウクレイデスの『原論』全13巻やアリストテレスの遺したすべての文献を読むことができたのです。

マートン学派はおもに言葉を使って議論を組み立てましたが、その内容を幾何学の言語に翻訳したのがオレームの功績です。しかもその過程で、彼はマートン規則を巧みに証明してみせます。等速運動と等加速度運動をいかに区別するかが鍵でした。等速運動については、中世後期には次の定義が広く知られていました。「等速運動する物体は、たとえどれほど短時間であろうと、同じ時間内には同じだけの距離を進む」。マートン学派は、これと似たような文面の定義を等加速度運動について考え出します。「等加速度運動する物体は、たとえどれほど短時間であろうと、同じ時間内には同じだけの量の速度を増す」。

オレームは等速運動する物体の速度を、一定時間ごとに水平方向で区切られた同じ高さの縦棒によって表しました（**図21**左）。また等加速度運動する物体の速度は、一定時間ごとに水平方向で区切られた、均等に高さを増していく一連の縦棒によって表しました（**図21**中央）。どちらの場合も、速度を表すそれぞれの縦棒は時間の流れを表す横軸に対して垂直です。図に加えられた点線によって、速度を表す縦棒が占める面積が見えてきます。**図21**右は任意の非等加速度運動を表しています。

図21左を見てください。等速運動する物体の「速度の縦棒」が占める面積は、明らかにこの物体が移動した距離

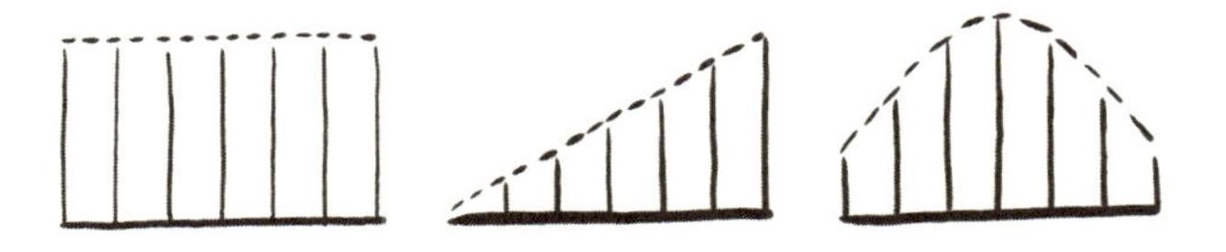

図 21

と対応しています。要するに、時速90キロで2時間走った車の走行距離は180キロで、これは「速度の縦棒」によってつくられる長方形の「底辺×高さ」の積なのです。オレームはさらに、等速だろうが非等速だろうがあらゆる種類の運動について、「速度の縦棒」が占める面積は移動した距離を表すと仮定しました。その通りなのですが、彼は根拠を示しませんでした。この一般原則の証明には微積分が必要になります。

オレームの仮定内容と彼が「速度の縦棒」を使ったことを考えれば、後は**図20**の三角形ABCを注意深く見るだけで、マートン規則の証明は導けます。なぜなら、三角形ABCは等加速度運動する物体の「速度の縦棒」がつくる形ですから、その面積はその物体が移動した距離を表します。定義により、横方向の線分FDは縦方向の線分BCをちょうど半分に分ける点Dで交わるため、長方形ABDFの高さはBD、すなわち等加速度運動する物体の最終速度である線分BCの半分ということになります。したがって長方形ABDFの面積は、等加速度運動する物体の最終速度の半分で等速運動する物体が移動した距離を表します。ここまでくれば、後は長方形ABDFと三角形ABCの面積が等しいことを示すだけでマートン規則を証明することができます。

いまのわたしたちなら、あらゆる三角形の面積は「底辺」×「高さの半分」と知っているので、**図20**の三角形ABCの面積はシンプルに、AB（底辺）×BD（高さの半分）で求めるでしょう。そしてAB×BDは同時に長方形ABDFの面積でもあるので、長方形ABDFと三角形ABCの面積は等しいと示せます。

しかし、オレームの証明のやり方はエウクレイデスの命題に厳密に基づき、次のようになされます。角CEDと角AEFは対頂角なので等しく（『原論』第1巻の命題15）、また角CDEと角AFEはいずれも直角なので等しい（公準4）。したがって、三角形CDEと三角形AFEの残りの角DCEとFAEもまた等しい。さらに、辺CDと辺AFも等しい。なぜならば、定義により線分FDは点Dで線分BCをちょうど半分に分けるから。以上から三角形CDEと三角形AFEの面積は等しい（命題26）。このように面積の等しい2つの三角形を四辺形ABDEにそれぞれ加えて生まれる2つの図形、すなわち三角形ABCと長方形ABDFもまた面積は等しい（共通概念2)。この2つの図形はそれぞれ、等加速度運動する物体の移動距離と、その物体の最終速度の半分で等速運動する物体の移動距離を表すため、マートン規則は証明された——。**図20**右は、この証明を拡張して初速がゼロでない物体も含めるようにするためだけに、最初の図に手を加えたものです。

代数のやり方に慣れたいまのわたしたちからすれば、オレームの証明はやけにまわりくどくて、あいまいにさえ感じられるかもしれません。しかし、ここでの狙いは中世の運動論を理解することで、その評価をすることではありません。そしてオレームの証明を理解するには、彼の考えの道筋を再現する必要があったのです。

マートン学派の研究者が等速運動と等加速度運動とをはっきり区別したこと、そして彼らがマートン規則を発見したこと、さらにオレームがそれを幾何学的に証明したこと、これらはいずれも**運動学**（キネティックス）の下地になりました。運動の原因となる力を探る**動力学**（ダイナミックス）とは違い、運動を記述するのが運動学です。14世紀の動力学がいぜんとしてアリストテレスの考え方に縛られたままだったのに対し、マートン学派やオレームによる運動学はアリストテレスをはるかに超えました。のちにガリレオは、オレームによるマートン規則の証明を別の表現で繰り返すことになります。これはガリレオの著書『新科学対話』（1948年、岩波文庫）のなかの「3

日目：自然に加速する運動」で登場します。また、オレームがグラフを使うことでぼんやりと示した考え方は、のちにルネ・デカルト（1596年～1650年）の発明したいわゆる**デカルト座標**（**直交座標**）によってはっきりと説明されることになります。

13

ダ・ビンチと地球照

Leonardo and Earthshine

［1510年］

もし本書に「ルネッサンス科学」と題したパートをつくるなら、その代表はレオナルド・ダ・ビンチ（1452年～1519年）になるでしょう。ただし、ダ・ビンチはルネッサンス時代の人文主義者が褒めそやした学者像とは明らかに違っていました。古代の歴史と文学を学んで育ち、ラテン語を完璧にマスターし、美辞麗句を巧みに操り、集会で自分の考えを堂々と述べるような人物ではなかったのです。それどころか、ダ・ビンチの受けた教育は不十分で、ラテン語はあまりできず、社会問題にはほとんど関心を持ちませんでした。しかし、彼は自然界を観察する鋭い目を持ち、飽くことなく実験を繰り返し、知識の実用化に強い興味を持った人物でした。古典的な教育を受けたイタリア・ルネッサンス時代の学者たちが他人の著作を引き合いに出したのに対し、ダ・ビンチは自分の経験を引き合いに出しました。

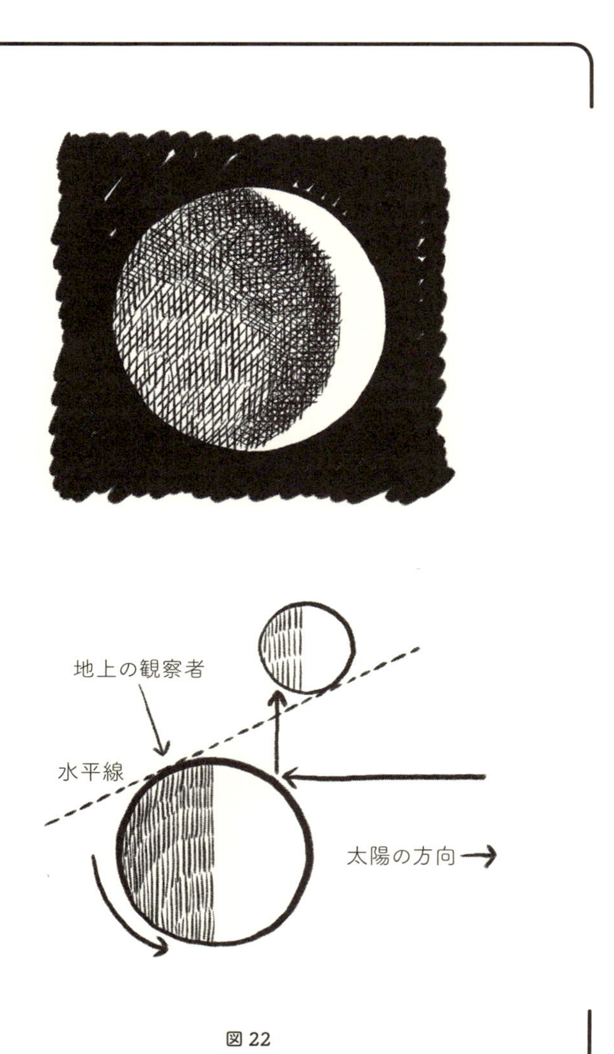

図 22

ダ・ビンチは、自分の経験したことの大半を絵図と文章によって手稿（メモ）に書き記しました。その数たるや1万3000枚にもおよび、いまのわたしたちの視覚表現を大いに豊かにしてくれました。たとえば、地勢図や地図の作成に大いに役立つ「空撮視点」や、牛の大動脈の描写など、1つの対象物を複数の側面から描く手法を考え出したのもダ・ビンチです。さらに、解剖図で初めて横断面を描いたのも彼なら、同じ距離にある同じ大きさの物体なら明るいほうがより大きく見えることに気づいたのも彼でした。

ひょっとするとダ・ビンチは、大量に書き記した手稿をもとに、イラスト豊富な専門知識の百科事典をつくるつもりだったのかもしれません。とはいえ、いまに遺る手稿を見るかぎり、そこにはいっさい順番がありません。彼の人生の浮き沈みが手稿に残した痕跡から新旧を判断するしかないのです。またダ・ビンチは、いつも左に傾いた文字で右から左に向かって書きました。文字もいわゆる「鏡文字」です。なぜそんなことをしたのか、書き記した内容を秘密にしたかったのか、それともたんに左利きのダ・ビンチにとって楽だったからなのか、理由はわかっていません。

それでもこの手稿を見ると、なぜダ・ビンチほど独創的で多作の天才が、科学の発展にこれほどわずかな影響しか与えなかったのかを理解することができます。アルキメデスと同様、ダ・ビンチもお互いに関係のないさまざまな問題に関心を向けました。しかし、ダ・ビンチはアルキメデスとは異なり、目前の問題だけでなく1つの共通した事象を説明できるような首尾一貫した概念を次々と考え出すことはできませんでした。とどまることないアイデアがわき出る頭脳と、モノを具体的に見る芸術家のまなざしとによって、彼の科学的な取り組みはまとめようもなく断片化され、その結果、抽象的で強力な理論を生み出すことが妨げられたかのようにも見えます。だとしてもやはり、ダ・ビンチの断片化された思考のかけらには興味深いものがたくさんあります。**図22**はそうしたかけらの1つ、**地球照**についての考察です。

夜空の三日月を見ると、太陽光の当たらない影の部分、明るい三日月の上下の先端にはさまれた暗い月の表面は、かすかな不可思議な輝きを発しています（**図22**上）。この現象をダ・ビンチがいかに解明したかを示すのが**図22**下で、文書に記された地球照の解説としてはもっとも古いものです。ダ・ビンチによれば、地球にぶつかった太陽光のうちかなりの部分が地球表面で反射します。地球表面が太陽光を反射する割合——これを地球の反射係数（アルベド）といいます——は30%弱です。この反射光の一部が月の暗い部分に届き、さらにその一部が月に反射して地球に帰ってきます。これが地上から見える地球照です。

ダ・ビンチは細かい点で1つ間違っていました。彼は太陽光を反射するのがおもに地球の海、とりわけ海面のうねりのてっぺんだと考えました。実際には、海よりも雲のほうがはるかに多くの太陽光を反射しています。人工衛星からの写真を見ると、地球でもっとも明るいのは雲におおわれた場所だと確認できます。また、地球をおおう雲の形が変わると地球の反射係数も変化します。一方、ほとんど大気のない月ではその反射係数（約12%）も変化しません。したがって、地球照の明るさの変化を調べるのは、地球の反射係数の変化を調べるのと同じことになります。後者はいまでは、気候変動を予測するコンピュータ・モデルの重要な入力値になっています。

ダ・ビンチはフィレンツェやミラノの町を歩くときはいつもノートを手放さず、興味を引くものがあれば、人でも建物でも風景でもあらゆるものをスケッチしました。ときには見知らぬ相手の後を何時間もつけ回し、顔つきを大まかに描き上げるまで諦めないこともありました。また、空を飛ぶ機械や爆発する弾を撃ち出す大砲、水の上を歩ける靴など、想像の世界にしかないものも描いています。さらに２つのゼンマイ仕掛けで動く自動車も設計しました。一方のゼンマイがほどける力で自動車を前進させる間に、乗っている人がもう一方のゼンマイを巻き上げる仕組みです。また、肉を刺した金串を炎の力によって回転させ、焦がさぬように肉を焼く自動機械や、その同じ炎が異常なほど扉の多い売春宿を燃やすイメージも絵にしています。ダ・ビンチは実用的な装置も数多く設計し、それらはいずれ実際につくられることになりました。しかし、彼の設計した目覚まし装置だけはいまだに誰もつくっていません。指定した時間になると水時計が動き始め、いくつかの仕組みを経て、最後には寝ている人の足をいきなり空中に跳ね上げる、という装置です。

ダ・ビンチは数学にも強い関心を持ち、友人のルカ・パチョーリによる数学の書『神聖比例論』（1509年）に挿絵を描いています。とはいえ、いうまでもなく彼のもっとも有名な仕事は画家として描いた『最後の晩餐』と『モナ・リザ』でしょう。ダ・ビンチの絵はピラミッド形の構図が特徴で、描く人物はいまにも動きだしそうなポーズをとり、何かを秘めた表情を浮かべ、指で何かを指しています。また、油絵の色に人間の目では見分けられないほど微妙な明暗の差をつけました。美術史家が**キアロスクーロ**と呼ぶテクニックです。芸術家としてのダ・ビンチが月面のキアロスクーロに惹かれ、科学者としてのダ・ビンチがその原因を解き明かそうとした。そんなふうにも言えるのかもしれません。

Part3…… Early Modern Period

近代初期

14

コペルニクスの宇宙観

The Copernican Cosmos

［1543年］

目に見える全世界を整理し、きちんと説明のつく1つの全体像、すなわち**コスモス**としてまとめ上げる作業に、天文学者たちは長いこと挑戦してきました。アリストテレス（紀元前384年～紀元前322年）は、月や太陽、惑星や恒星などの天体は、地球を中心に規則正しく回転する透明な天球（スフィア）にはめ込まれていると考えました。そして、すべての「星」が静止した地球を中心にみな同じように円を描いて動くのはこのためだとしました。天体の偉大な観察者プトレマイオス（90年～168年）は、アリストテレスの考え方を土台にしつつ、さらにいくつか手を加えました。というのも、プトレマイオスは自分がその目で見たもの、たとえば明るさが変化する星や、動く速度が速まったり遅くなったり、ときには逆行運動する（他の星々と反対方向へ動く）星のこともきちんと説明したかったからです。

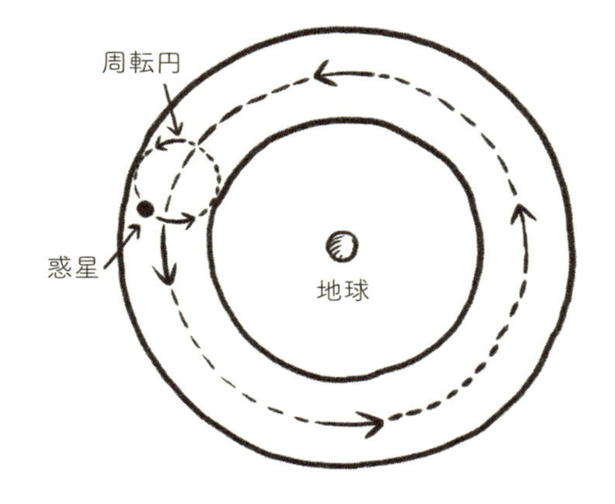

図 23

図 23 はプトレマイオスがアリストテレスの説に加えた加工を1つの惑星に当てはめたものです。この惑星はじつは**周転円**という小さな円を描いて動いています。この周転円の中心が本来の円軌道を描いています（これを**従円**と呼びます）。したがって、この周転円の軌道と接する同心円状の2つのスフィアがあり、周転円の大きさもこの2つのスフィアによって定まります。この惑星がたまに**逆行運動**する理由は周転円で説明できます。一方、周転円と接する2つのスフィアの中心は、当時宇宙の中心であると考えら

れていた地球からずれることもありますが、その状態は**図23**には登場しません。プトレマイオスは、実際の観測結果と一致する地球を中心としたコスモスのモデルを組み立てるために、すでに知られている星々の位置とその動きから、それぞれの周転円やその軌道、ずれなどをきちんと説明できる数値を苦労して割り出したのです。結果は大成功でした。それから後1400年以上にもわたり、プトレマイオスのモデルは天文学者や占星学者、暦の作成者たちに採用されました。

古代の天文学者のなかには、宇宙の中心を太陽だと考えた人もいました。その代表格がアリスタルコス（紀元前310年〜紀元前230年）です。しかし、こうした「太陽系」モデルは「地球が動いている」という、あり得そうもない前提を受け入れる必要があるため、大きな支持を集めることはありませんでした。結局、アリスタルコスの太陽中心説がアリストテレスとプトレマイオスの地球中心説の座を奪うようになるのは、はるか先の1543年になってからです。すなわちニコラウス・コペルニクス（1473年〜1543年）が『天体の回転について』を出版してからの話です。

ここで1つ疑問が浮かびます。アリスタルコスとコペルニクスの考えた太陽中心型のコスモスは、アリストテレスとプトレマイオスの考えたそれまでのコスモスに比べてどこが優れていたのでしょうか。何しろ、コペルニクスの時代にはまだ「楕円軌道」という考えはなく円軌道しか使え

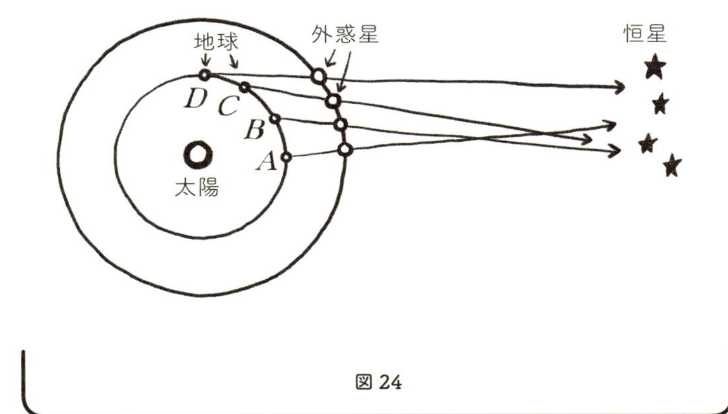

図 24

なかったので、プトレマイオスに匹敵する正確なモデルを太陽中心でつくり上げるには、より多くの周転円を使わざるを得ませんでした。それでもコペルニクスらのモデルがより優れていた理由は、プトレマイオスのコスモスでは逆行運動が起きてもいいのに対し、コペルニクスのコスモスでは逆行運動が起きねばならないからです。つまりコペルニクスのモデルは、プトレマイオスのモデルに欠けていた論理的一貫性を備えていたのです。

図 24 がその論理的一貫性のある説明です。4本の直線は地球からの視線です。ある1つの外惑星を見ているときに、さらにその背後にある「動かない星（恒星）」も視野に

入っています。コペルニクスのモデルでは、より速く動く惑星ほど太陽に近い軌道を回るため、直線で結ばれた白丸のペア（同じ瞬間の地球と外惑星の位置を表す）を見ると、地球を示す白丸のほうが外惑星を示す白丸よりも大きく動きます。このため、地球が衝［太陽と外惑星が地球をはさんで一直線になる位置関係］に近い位置Ａから位置Ｂに移動すると、外惑星は背後にある恒星に対して逆行運動をしたように見えるのです。さらに位置Ｃに動くと逆行運動は小さくなり、位置Ｄに動くと外惑星は正常な順行運動に戻ります。

逆行運動は、外惑星が衝に近づくたび、つまり太陽と地球と外惑星がその順に一直線上に並ぶときには必ず見られます。もちろんプトレマイオスの地球中心型コスモスでも逆行運動の説明はできますが、選ばれた特定の周転円、特定の非同心円状のスフィア、特定の惑星速度といういくつもの条件を満たしたときしか説明できません。

コペルニクスは『天体の回転について』の序章で次のように述べていますが、このときすでに、逆行運動しているように見える外惑星の動きと地球の本当の動きとの間には関連があると気づいていたのでしょう。

> ついに私は理解した（中略）･･･もし地球以外のさまよえる星々の動きと地球の円運動との間に相関関係があり、そしてそれら惑星の動きがそれぞれの惑星自身の回転運動の結果として生じているならば、そのことで惑星に関する

すべての事象が説明できる。さらにいえば、この相関関係によってすべての惑星の並び順と大きさ、およびそれら惑星のスフィアすなわち軌道円の並び順と大きさが、天空そのものと綿密に結び付けられているため、どの惑星であれ1つでも他の惑星と入れ替えたら、それ以外の惑星および宇宙全体が整合性を失ってしまう。*10

コペルニクスはクラクフ、ボローニャ、ローマ、そしてパドヴァで学んだ後、管財人や医師、翻訳者などとして働き、またいわゆるポーランド王領プロシアのヴァルミア教区の外交官も務めました。彼の母語はおそらくドイツ語ですが、当時この地域はポーランド王国の一部でした。その後さまざまな曲折を経て、いまはまたポーランド共和国に属しています。コペルニクスは、マルティン・ルター（1483年～1546年）が1517年に始めたプロテスタント運動の始まりを目にしており、また自宅がドイツ騎士団によってめちゃくちゃに壊されるところも目撃しました。彼は自分の上に立つ司教の意向に反して、ルター派の数学者ゲオルク・ヨアヒム・レティクスと親しく付き合います。レティクスに説き伏せられ、コペルニクスは『天体の回転について』を出版したのです。

コペルニクスが『天体の回転について』の初版を手にしたのは、1543年に他界する直前でした。彼が別のルター派数学者アンドレアス・オジアンダーによって書き加えられた無記名のまえがきに気づいたかどうかは知るすべもありません。もし読んでいたならば、がっかりしたことでしょう。なぜなら、太陽中心説はたんなる計算上の技法であり、現実とは違うが、正確な予測を可能にする仮説であると書かれていたからです。とはいえ、先に引用した序章を読めばコペルニクスが太陽中心説こそ現実であると信じていたことは明らかです。自分は「最高にきちょうめんな職人」によって組み立てられた「世界という機械」を発見したと、コペルニクスは確信していました。[*11]

15

永久運動の不可能性

The Impossibility of Perpetual Motion

［1586年］

14個のまったく同じ形をしたビーズ玉をリースのようにつなげ、底辺が地面に平行な三角形の枠の上に乗せます（**図25**）。「**クルートクランス**」や「**玉の花冠**（リース）」など、多くの名を持つこの装置を考え出したシモン・ステヴィン（1548年～1620年）はフランドル出身で、ウィリアム・シェークスピア（1564年～1616年）と同世代の人物です。ステヴィンは、もしビーズ玉が摩擦ゼロで枠の上を動けるとしても、やはりこのリースは最初の状態から動かないはずだと考えます。その理由をステヴィンは次のように説明します。

リースが時計回りに動くと仮定すると、それぞれの玉はいずれ隣の玉があった場所にくる。そのときリースは最初の状態に戻る。そしてリースはまた動き、同じことを繰り返す――永遠に。永久運動がありえないのは明らかなので、玉のリースは最初の状態から動かないはずである。

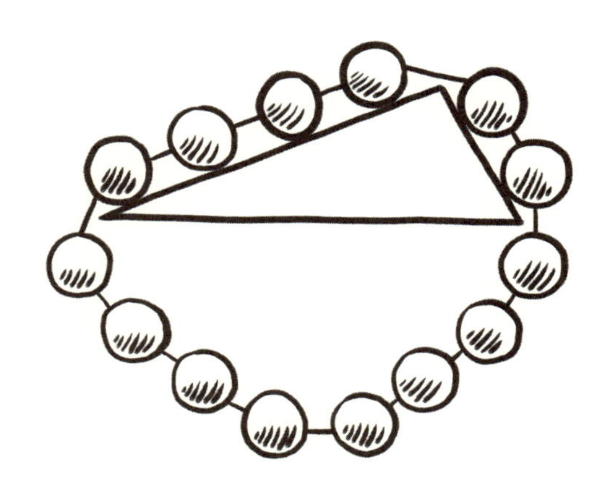

図25

ノーベル物理学賞を受賞したリチャード・ファインマン（1918年〜1988年）は著書『ファインマン物理学』のなかで、永久運動が不可能であることを強調するためにステヴィンを持ち出します。[*12] そしてステヴィンのリースに触れて「これを墓碑銘に刻んでもらえるなんて、素晴らしい人生だ」とも述べています。確かに、永久運動の不可能性は物理学にとって重要な概念です。たとえばサディ・カルノーは1824年、この概念をテコにして熱力学の第2法則につながる論文を書き上げています。ただし、ステヴィンがどこで埋葬されたのかも、その墓がどこにあるのかもわかっていません。ファインマンが言いたかったのは、ステヴィンの墓ではなく、彼の記念像のことでしょう。これは1846年にユージン・シモニスの設計によりブルージュ（ベルギー）の一角に建てられました。いまではそこは「シモン・ステヴィン広場」と呼ばれています。このステヴィン像が手に持つ巻物には「玉のリース」が刻まれています。シモニスがその絵柄をステヴィンの著書『吊り合いの原理』の表紙から借用したのは間違いありません。

その本でステヴィンはこう記しています。リースのうち三角形の枠から垂れ下がっている部分は、その真ん中を垂直に分ける線に対して線対称になるよう配置されているので、仮にこの部分をなくしても残るリースの釣り合いには影響を与えないはずだと。それが**図26**左です。さらに、左右の斜面に乗っているビーズ玉は、同じ斜面のすべてのビーズ玉を合わせた重さの1つのビーズ玉に置き換えてもやはり釣り合いに影響はないはずです。それが**図26**右です（摩擦ゼロの滑車を付け足しましたが、これはリースの本質的な要素に何ら影響を与えません）。この2回の衣替えで次の法則が証明されました。「2つの斜面に乗る2つの重さは、それぞれの重量とそれぞれが乗る斜面の長さが比例するときに釣り合う」。じつはこの法則、ヨルダヌス・ネモラリウスという人物がずっと前に発見しています。この人については、ラテン語で文章を書き、1050年から1350年まで

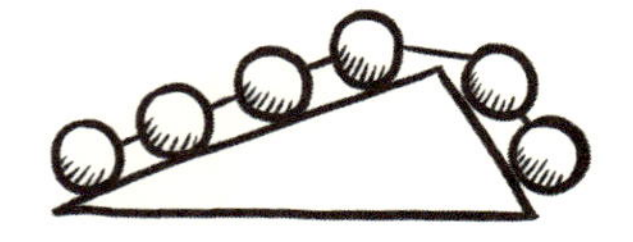

図26

のどこかで活躍したということ以外はほとんど何もわかっていません。しかしながらわたしたちは、法則そのものよりも、永久運動の不可能性から話を始めるというステヴィンの証明方法のほうに興味を引かれます。

若かりし日のステヴィンは、エンジニアとして故郷のフランドル——いまのベルギー北部とそこに隣接するオランダの一部——の湿地帯から水をくみ上げて排水する風車の設計と建設に関わりました。やがて彼は、スペイン占領下にあった低地諸国（ネーデルランド）との紛争に巻き込まれます。この紛争でステヴィンは、オレンジ公ウィリアム1世の息子、モーリス王子に家庭教師兼軍師として仕えます。軍師としては、「敵を包囲し、砦を築き、部隊に補給せよ」という合理的な方針を導入しました。家庭教師としては、弁証法、算術、幾何、代数、力学、天文学、そして音楽の教科書を自作しました。しかも当時わかっていた知識だけでなく、各科目ごとにステヴィン自身がどのような貢献をしたのかも盛り込んだのです。モーリス王子はこの教科書をとても大切にし、軍の遠征先にまで持って行くほどでした。

また、ステヴィンは母語であるオランダ語の普及にも独特の姿勢で熱心に取り組みました。彼の考えによれば、科学的な探究心にはとりわけオランダ語が向いているそうです。なぜなら、効率的に構成された言語は、あらゆる単独の物事をそれぞれ1つの音節からなる1つの単語で表現できるはずだと考えたからです。そしてステヴィンの調査によれば、オランダ語にはそのような表現をできる単音節の単語がギリシャ語よりもラテン語よりも多く、おそらくはその両言語から派生したあらゆる言語よりも多いというのです。彼は、すべての人が平和と繁栄のもとに暮らした文明の黄金時代が太古にあり、そこでは人々がオランダ語を話していたのではないかとさえ空想しました。空想だけでなく、彼は新しく生まれた技術的概念の新語をつくることでオランダ語の進化に現実的な貢献もしました。このようにオランダ語を盛り立てようとしたステヴィンの取り組みは、科学に関する文章に現地語を使おうという大きな運動の一部をなすものでした。この運動は、それまで科学の文献に縁のなかった新しい階層の読者を引き寄せることになります。

16

スネルの法則

Snell's Law

［1621年］

水の入ったコップにまっすぐなモノを半分だけ入れると、折れているように見えます。これはもっとも身近な屈折の実例です。この具体的な一例だけでも、それを幾何学的に説明するのはたいへん複雑な話になります（光がどのように物体に当たり反射するか、その光が水中および空気中をどう伝わるか、そして目がどのようにその光をとらえるか）。しかし、屈折の本質は次のようにシンプルです。

水でも空気でも、均質な媒体の中を通るとき、光は直進します。しかし、「光の進路」すなわち光線が1つの媒体から出て別の媒体に入るとき、その境目で反射せずに残った光は、境界の法線（二次元で見れば境界に垂直な線）に近づくように、または離れるように屈折します。具体的には、空気から出て水に入るときは法線に近づくように曲がり、水から出て空気に入るときは法線から離れるように曲がり

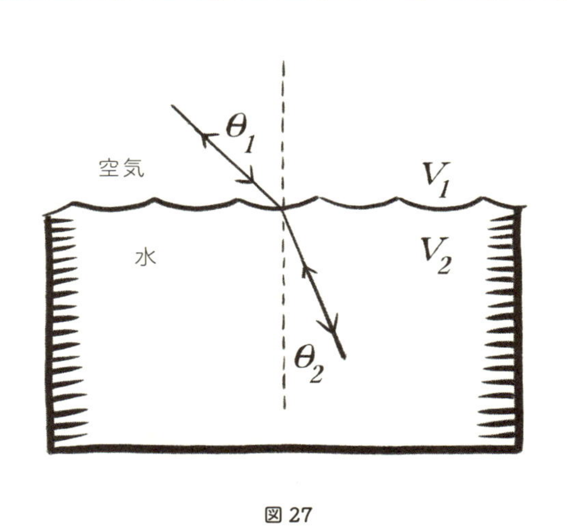

図27

ます。その様子は**図27**に、そして**図19**にも描かれています。

プトレマイオス（90年～168年）もアルハゼン（985年～1040年）もケプラー（1571年～1630年）も、屈折を数学的に正しく記述しようとしましたが、失敗しました。そのような記述が初めて登場したのは1621年頃で、当時の手紙などからオランダ人のヴィレブロルト・スネル（1580年～1626年）の功績だとされています。この**スネルの法則**は屈折を次のように記述しました。

2つの媒体が接する境界の法線と光線とがそれぞれの媒体側でつくる2つの角θ_1とθ_2の関係は次の数式で表すことができる。$\sin\theta_1/\sin\theta_2=n_2/n_1$。ただし、$n_1$と$n_2$は媒体ごとに固有の屈折率である——。

この式のおかげで、スネルやその同時代の人々は、2つの角θ_1とθ_2を測れば2つの媒体の屈折率の比を知ることができるようになったのです。媒体2が水で媒体1が空気なら、比n_2/n_1はおよそ4/3です。

スネルの法則が正しいことに負けず劣らず重要なのは、この式から光の性質について何がわかるかです。ルネ・デカルト（1596年～1650年）は次のような仮説を立て、その仮説からスネルの法則が導けることを示しました。「光はたいへん小さな粒子からできており、この粒子は2つの異なる媒体の境界を通るとき、境界の法線に向けて速度を上げるか下げるかする」という仮説です。たとえば空気から水へ入るとき、光の粒子は速度を上げます——少なくともデカルトに従えば。この仮説と、n_2/n_1=4/3から、光は水中を進むとき空気中より4/3倍速くなるはずです。

デカルトによるスネルの法則の解釈はよくできてはいますが、説得力も独自性もありませんでした。ピエール・ド・フェルマー（1601年～1665年）はもっともな反論を加えます。水は空気より密度が高く、光の粒子はより大きな抵抗を受けるはずなので、逆に光は水中を進むほうが遅くなるはずである、と。たんなる仮定にすぎないこの説を公準にまで高めようとしたフェルマーは、そこで自分が考え出した独自の原理によってスネルの法則が導けることに気づきます。「光は2つの点を通るとき、最短の時間で行ける経路を通る」——いまでは**フェルマーの原理**、または**最小時間の原理**として知られているものです。

ここで、**図27**を使って1つのたとえ話をしてみましょう。光が空気と水の境目を（空気中から水中へと）通るときの経路を、海で溺れる人を助けにいくライフガードの進路だと考えてみるのです。彼女はまず砂浜を走り、次に水中に飛び込み、そして溺れる人まで泳ぎます。水中を泳ぐより砂浜を走るほうが速いので、到達時間を最短にするには、水中を泳ぐ距離より砂浜を走る距離を長くします。この結果、彼女は水中に飛び込むとき、溺れる人に向けて進路を曲げます。すなわち、砂浜と海との境界に垂直な線に近づくように曲げるわけです。

いうまでもなく、屈折という現象のとらえ方はデカルトが正しいのかフェルマーが正しいのか、水中と空気中で光の速さを測って比べればわかります。水中のほうが速ければデカルトが正しく、空気中のほうが速ければフェルマーが正しいことになります。しかし、1850年になるまでそのような計測は技術的に困難でした。比較できるようになってわかったのは、光は空気中のほうが水中より速いということです。フェルマーのほうが正しかったのです。

そうとわかるまでの間、デカルトを支持する人々はフェルマーの原理を「物理の原則に反する」と厳しく批判しました。彼らの言い分はこうでした。「とりうる経路を光がすべて試して、それぞれの移動時間を比べて、そしてから

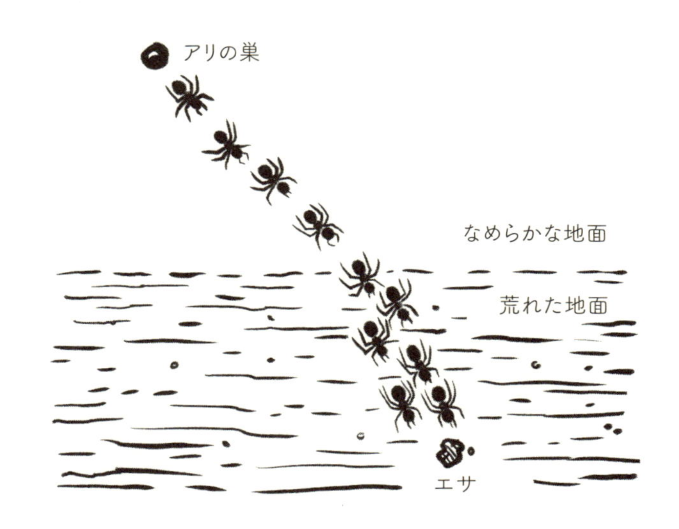

図 28

最短の時間で行ける経路を選ぶとでもいうのか？」——。ライフガードなら最短時間の経路を見つけられたとしてもそれほど不思議ではありません。アリでもそうです。アリは、エサと巣を結ぶ最短時間の経路を見つけ出すことができ、実際にその経路を大勢で行き来します（図28）。というのも、どちらの場合もそれは経験を通して身につけた目的志向の行動だからです。ところが、デカルトの支持者や17世紀のほとんどの自然哲学者（当時は科学者をそう呼んでいました）にとって、光の伝わり方は純粋に機械的なプロセスでなければならず、それを説明するのに目的志向のような振る舞いが関わるのは認められなかったのです。数学的には文句のつけようのない（フェルマーの最小時間の原理に基づく）説明と、機械的でなければならないとする物理学の要求との対立は、19世紀初頭に光の波動説が大勝利を収めるまで続きました。

17

月面の山脈

The Mountains on the Moon

［1610年］

17世紀初めの10年間は、いつ望遠鏡が発明されてもおかしくないだけの機が熟していました。オランダでは数人のレンズ研磨業者や眼鏡製作者が同時期に同じアイデアを思いつきます。光を集める凸レンズと目でのぞく凹レンズの二枚を1つの筒に平行に並べる、というアイデアです。1608年、そうしたオランダ人の1人、ハンス・リッペルスハイは「遠くのものがすぐ近くにあるかのように」見えるとして、当時『スパイグラス』と呼ばれたこの装置の特許を取ろうとしました。リッペルスハイのスパイグラスの倍率は、長さ寸法［縦・横・高さの合計値］でわずか3倍でした。それでも明らかに軍用に役立つため、この発明のニュースはあっという間に欧州全土に広がりました。

ガリレオは1609年5月にこのスパイグラスの話を耳にし、それをつくるための基本的な原理を自分で見つけ出す

図 29a

と、その年の夏には改良版スパイグラスをつくり始めていました。最終的には倍率を30倍まで高めることに成功します。この30倍という数字には意味がありました。ガリレオが後に明かすように、少なくとも20倍以上の倍率がないと、彼が初めて自家製のスパイグラスを天に向けたときに見た「驚くべき光景」を見ることができないからです。

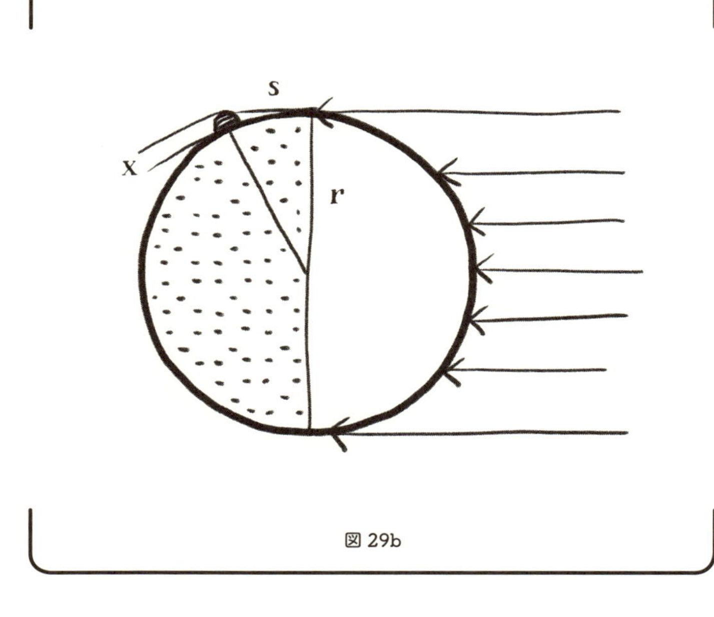

図 29b

それまで平らだと思われていた月の表面は、山とクレーターでデコボコでした。天の川は、じつはおびただしい数の星の集まりでした。そして何よりも驚いたことに、木星を中心に回っている４つの「さまよえる星」が見つかったのです。

ガリレオはこれらの発見が持つ大きな意味を理解していました。新奇で面白いうえに誰にでもわかりやすい発見でしたが、それだけではなく、わたしたちの宇宙のとらえ方に広範囲の影響を与える発見でもあったのです。彼は発見したことをいちはやく欧州各地の研究者たちに伝えたかったので、『星界の報告』という短い本にまとめました。ガリレオにしては珍しく、母語のイタリア語でなく当時のラテン語で書いています。それでも『星界の報告』はすぐさまイタリアで大評判となり、パドヴァやベニス、フィレンツェやローマの街中で人々はこの本について議論したものでした。

図29aはガリレオ本人が描いた月の表面です。その目で見たとおり、山とクレーターでデコボコしています。**図29b**は、ガリレオが月の表面を描くときに山の高さを求めた方法を説明しています。ポイントは、月面での現象を地上の現象と同じようにとらえている点です。具体的にいえば、**図29a**で明るい半円と暗い半円をわける縦線がありますが、この線のすぐ左側にいくつかある白い部分を、朝日か夕日に照らされた山頂であると考えたのです。**図29b**を見れば、月の半径rと山の高さx、そして白く輝く山頂から月面を明るい面と暗い面にわける縦線までの距離sとの関係が、ピタゴラスの定理によって$(r+x)^2=r^2+s^2$と表せることがわかります。ガリレオは月の半径rの値を知っていたので、s/rの比を自分の絵からおおまかに知ることができました。先ほどの式を使って月のさまざまな山の高さxを割り出せたのです。そして、そのなかでもっとも高い山はおよそ4マイルの高さだとしました。これは現代の測定結果からそれほどずれていません。

月の表面がデコボコであるという事実は、アリストテレスの宇宙論できわめて重要であった「不完全な地上界」（地球と大気圏）と「完全なる天界」（月も含まれる）との区別を根底から揺るがします。ガリレオは望遠鏡でいろいろな発見をしていた頃、密かにコペルニクスの地動説を信じていました。それから数年後には、公の場でもコペルニクスの宇宙論を支持していることを隠さなくなります。おそらくはいろいろな発見、とりわけ荒れた月の表面と木星の４つの衛星を見つけたことで、地動説は間違いないと確信し、それを公然と支持する自信を得たのではないでしょうか。そのせいでのちにガリレオは教会とぶつかるのですが。

『星界の報告』は文章構成術の至宝でもあります。科学史学者はきわめて高い評価をしています。科学者やサイエンス・ライターもぜひ一読すべきでしょう。たとえば問答形式の『天文対話（プトレマイオスとコペルニクスの二大世界体系についての対話）』に登場するガリレオの手紙は、相手を徹底的に論破する皮肉な論争術で名高いのですが、『星界の報告』には皮肉も論争術も使われていません。適切な比喩と洗練された文章、効果的な要約を使い、複雑な概念をわかりやすく、生き生きと伝えています。『星界の報告』は、読み手には大きな喜びを与え、書き手にとってはお手本となる書物なのです。

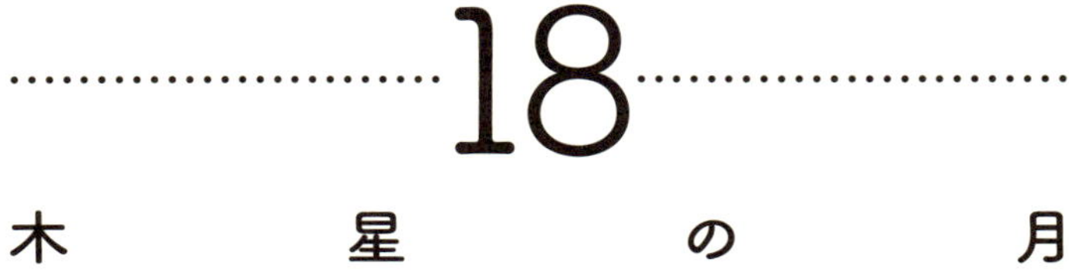

18 木星の月

The Moons of Jupiter

［1610年］

1609年から翌年にかけての冬の空に、ガリレオができたての望遠鏡で発見したものの1つが木星の明るく輝く4つの月です。彼はこれを当事のパトロン、コジモ2世にちなんで「メディチ家の星々」と名付けました。ガリレオは1610年3月に出版した70ページからなる小冊子もこの人物に捧げました。ラテン語でSidereus Nunciusと題したこの『星界の報告』には、「もっともやんごとなきコジモ2世・デ・メディチ、第4代トスカーナ大公に捧ぐ」とあります。

ガリレオはこの小冊子で、いかにして（長さ寸歩で）倍率30倍の望遠鏡をつくったかを説明し、またその望遠鏡で見たものについて書きました。月の山々、じつは天の川が星の集まりで、初めてそれらの星が個別に見えたこと、金星の満ち欠け、星は円盤状に見え、大きさには限りがある

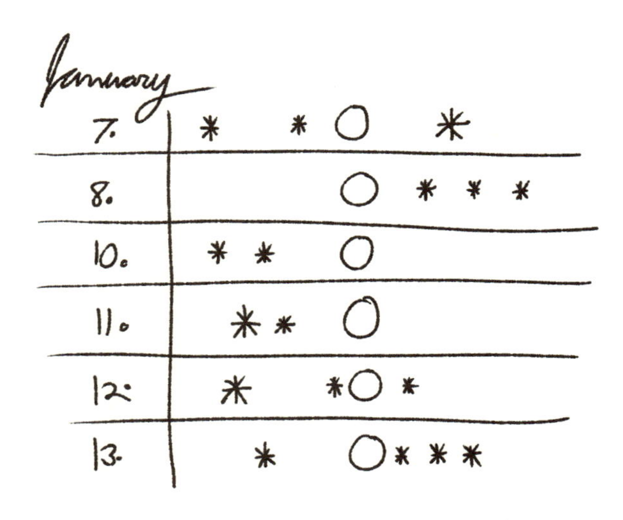

図30

ように見えること——。そして彼はこう宣言します。「もっとも重要だと考えてしかるべきことがまだ残っている。この世界の誕生からわたしたちのこの時代まで、かつて一度も見られたことのない4つの惑星の姿が明るみに出たのだ」。*13 1610年1月7日の夜、ガリレオは木星が背後にある3つの星（と当初は思っていました）の近くにいる姿を観測しました。しかし、奇妙なことに気づき、後にもそれを思い出します。この3つの星と木星は黄道——「動かない」星を背景にして惑星が動く、狭い帯状の領域——に沿ってきれいに並んでいたのです。その夜、**図30**に示したように、3つの星のうち2つは木星の東側に、1つは西側にありました。翌1月8日の夜、3つの星はすべて木星の西側にあり、しかもまたしても黄道に沿ってきれいに並んでいました。この時点でガリレオは、こうした姿に興味は待ったものの、3つの「星」がじつは木星の月であるとはまだ気づいていません。

1月9日は空一面が曇っていて観測はできませんでした。そして1月10日と11日には、星は2つだけ見え、両日とも木星の東側にありました。12日も観測を続けたところ、始めは2つの星しか見えず、明るいほうは木星の東側に、暗いほうは西側にありました。そして観測しているうちに3つ目の星が木星の東側から現れたのです。1月13日には星は4つ見えました。すべて木星とともに黄道に沿ってきれいに並んでいました。

ガリレオは2カ月の間、晴れた日は毎日観測を続けました。そして、この星だか月だか惑星だか（彼はいろいろな呼び方をしました）は4つあり、太陽の光を受けて輝き、それぞれ独自の軌道で木星の周りを回っていると結論しました。しかし、公転周期を割り出すには2カ月間では足りませんでした。また、木星の4つの月は明るさが変化しました。**図30**をはじめ、ガリレオ本人が描いた図では、おおまかに印の大きさでそれを表しています。ガリレオはこの理由を、月の像が木星の大気によってそれぞれ異なる屈折をするからだと考えました。いまでは、これらの月がそれぞれの軸を中心に自転しており、表面のさまざまな部分が異なる反射率で太陽の光を反射しているからだとわかっています。

さらにガリレオは、4つの月が木星のお供をして12年周期で太陽の周りを回っていると、ほんのついでのように書いています。長いこと隠れてコペルニクスを支持してきたガリレオですが、この瞬間からそれを公にしていくのです。ガリレオにこの変化をもたらし、その後さらにコペルニクス宇宙論の公然たる擁護者にまで変身させることになった大きな要因は、次の観察でした。「これらの惑星［木星の4つの月のこと］のなかでも、木星を回る軌道が小さいもののほうが素早く公転する」*14——。つまり木星とその月は、「太陽に近い惑星ほど素早く動く」というコペルニクス宇宙のミニチュアを示すことで、その宇宙論の正しさを実証していたのです。ガリレオはさらに続けます。

> ここでわれわれは、コペルニクスに従って惑星が太陽の周りを回っていることは冷静に受け入れるのに、月が独自に地球の周りを回りつつ地球と一緒に1年かけて太陽の周りを回っていると聞くと極端に感情的になる人々の疑念を

取り払うだけの十分かつあざやかな論拠を示そう。一部の人々は、そのような宇宙の構造はありえないとして却下すべきだと信じてきた。しかしいまやわれわれは、ほかの惑星の周りを回りつつその惑星と一緒に太陽を回る大軌道を描く惑星が1つではないことを知っている。われわれ自身の目で見た4つの星は、月が地球の周りを回るように木星の周りを回りつつ、木星と一緒に12年かけて太陽を回る大軌道を描いているのである。[*15]

いまでは、木星のもっとも明るい4つの月は神話の登場人物にちなんでガニメデ、カリスト、イオ、エウロパと名付けられています。すべてゼウス（木星）が口説き落とした女性です。4つまとめて**ガリレオ衛星**というもっともな呼び方をされることもあります。

木星の月は全部で67個あり、その軌道もいまではすべて明らかになっています。ほとんどの月は生まれた後で木星の重力に捕まったので、その結果として軌道は大きくつぶれた楕円形で、しかも黄道面に大きく傾いています。もしガリレオがもっとも明るい4つの月だけでなく、不規則な軌道を持つ小さめの月もいくつか観測できていたら、木星とその月をコペルニクスの太陽系のミニチュアとは見なかったかもしれません。

実際には、ガリレオは熱心なコペルニクス支持者となり、彼の足を引っ張るために聖書を持ち出してコペルニクス宇宙論と戦わせようとした人々の企みにはめられてしまいます。彼らが指摘したのは、ヨシュアが太陽に動きを止めるよう命じた部分（『ヨシュア記』10章12-13節）や、聖書内に何カ所かある、地球が静止しているとする記述でした。ずっと敬虔なカトリック信者だったガリレオは、ヨシュアが奇跡を起こして「民がその敵を打ち破るまで」夜にならないように1日を引き延ばしたことを疑ってはいませんでしたが、聖書にそのような記述があるのは、静止した地球の周りを太陽が回っていると信じている読者のために書かれたのだという解釈を示しました。このような弁明は、聖書を解釈する役割も自分たちで独占していた教会幹部に良い印象を与えませんでした。

惑星運動に関するケプラーの法則

Kepler's Laws of Planetary Motion

［1620年］

ヨハネス・ケプラー（1571年～1630年）は、この世界の隠れた秩序を見つけ出すことに大いなる喜びを感じた人です。若い頃から、太陽が天体の中心だとするコペルニクス宇宙を信じていました。地球中心のプトレマイオス的宇宙観と比べて、コペルニクス宇宙観は正確さの面でそれほど優れているわけではなかったのですが、個々の特徴が別の特徴を論理的に必要とするかたちで結びつき、それだけ整合性がとれていました。

ケプラーが宇宙の秩序を追究するうえで決定的な出来事となったのは、1600年2月にティコ・ブラーエ（1546年～1601年）と出会ったことです。ティコは才覚と人脈をいかして、望遠鏡発明以前の当時としては最高レベルの天体観測所を建てました。1つ目はデンマーク王フレゼリク2世のためにヴェン島に建てたウラニボリ天文台。そしても

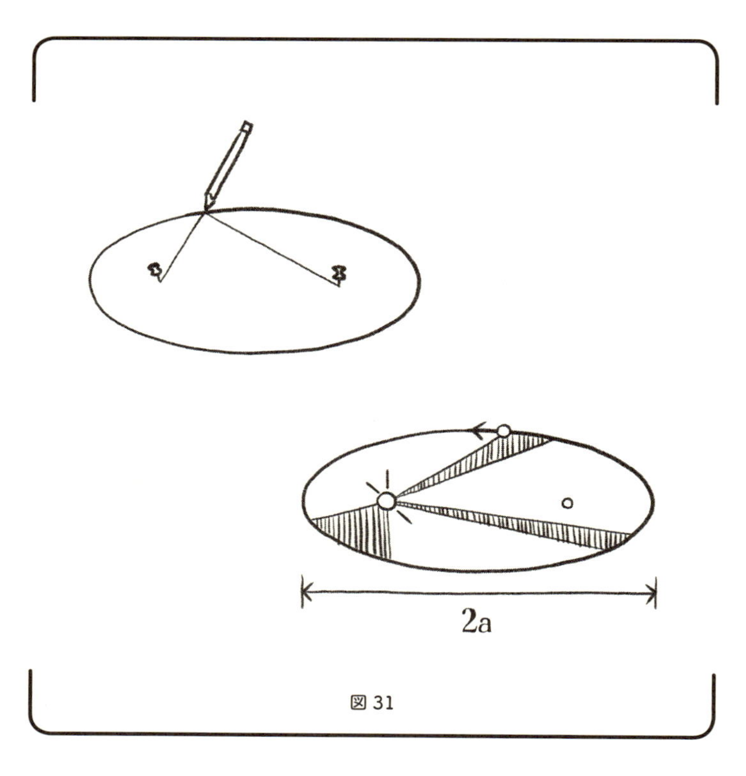

図31

う1つはフレゼリク2世の跡継ぎとケンカ別れした後に神聖ローマ帝国皇帝ルドルフ2世の支援を受けてプラハの近くにつくった天文台です。観測するときは完全に軌道を1周するまで同じ惑星の動きを追い続けることと、1回の観測ごとに生まれる不正確さを見極めること、ティコはこの2つをそれまでの天体観測者の誰よりも重視しました。

しかし、ティコはコペルニクス支持者ではなく、自分で考えた一風変わった宇宙論を説いて回っていました。肉眼で見える5つの惑星（水星、金星、火星、木星、土星）はみな太陽を中心に同心円を描いて動きつつ、その太陽は宇宙の中心である静止した地球の周りを回っている、という説です。ティコは、自分の集めた観測データを使ってケプラーに自説の正しさを証明してもらおうと考えました。しかしケプラーの忠誠心を信じ切れませんでした。データを見ることは許しながら、後で使うためにも書き写すことは許さなかったことからも、彼のためらいがうかがい知れます。

1601年10月にティコが亡くなると、彼のデータと皇室付帝国数学官という身分をケプラーが引き継ぎます。ただし、ティコの宇宙論をもとに天体の理論をつくり直す作業を完成させることが条件でした。ところが皮肉なことに、ティコのデータが精密だったがゆえに作業は完成しませんでした。というのも、プトレマイオスの宇宙論もコペルニクスの宇宙論も、そしてティコ自身の宇宙論も、ティコの正確な観測データを使うとどうしても矛盾が生まれてしまったのです。ついにケプラーは、円運動の組み合わせに基づくこれらの宇宙論を捨てざるを得なくなります。そして、**図31**右に描いたように、動かない太陽を焦点の1つとする楕円上に火星の軌道を取ってみました。そして、これなら完璧にうまくいくとわかったのです。

ひもと2つのピン、そして鉛筆があれば楕円が描けます（**図31**左）。ひもの両端をそれぞれピンに結び、ピンを平らな面に固定します。ひもをぴんと張ったまま鉛筆を動かしていくと、鉛筆は楕円を描きます。なぜなら楕円とは、平面上の２点からの距離の和が常に一定になる点の集合だからです。この２つの点を楕円の焦点と呼びます。たまたま２つの焦点が重なったとき、楕円は円に変わります。２つの焦点を通り楕円の端から端までを結ぶ直線は、軌道長半径aの２倍になります（**図31**の$2a$）。

地球を含めた惑星は、太陽を１つの焦点とする楕円軌道上を動く——これが惑星の運動に関する**ケプラーの第１法則**です。そして**図31**右は、「太陽と惑星を結ぶ線分が一定の時間に描く面積（たとえば図の斜線部分）は等しい」とする**ケプラーの第２法則**を示しています。このため、惑星は太陽に近づくほど動きが速くなるのです。この２つの法則は、同じ１つの惑星軌道についての異なる要素を関連付けるものですが、**ケプラーの第３法則**は異なる惑星軌道間にある関係を述べています。それは「惑星が太陽を一周するのにかかる時間Tの２乗は、その惑星の軌道長半径aの３乗に比例する」というものです。言い換えれば、すべての惑星について比T^2/a^3が一定だということです。ケプラーは、これらの関係をもたらす原因として太陽が惑星を押したり引いたりする力があるのではないかと疑っていましたが、それがどんな種類の力なのか最後まで解明できませんでした。ケプラーは３つの法則のうち最初の２つの証明を『新天文学』（1609年）で示し、3つ目は『宇宙の調和』

（1619年）で示しました。

ケプラーは、嫉妬深いライバルとも仲良く付き合う心の広さを持ち、また敬虔なルター派の信者でした。家族が強制的にカトリックへ改宗させられるのを防ぐために２回も引っ越したほどです。また彼は不運な人で、12人いた子供のうち８人と最初の妻に先立たれています。母親が魔女裁判にかけられたので弁護する必要もありました。そして欧州の中心部を破壊した三十年戦争の勃発もありました。それでもケプラーは非常に信心深く、自分が長年探し求めていたもの、つまり「宇宙の調和を示す新しい証拠」を発見できたことに深く感謝していました。著書『宇宙の調和』の結びで「おお、偉大なる創造主よ、自然の啓示によって神の光への憧れをわれらの内にかき立てる主よ」*[16]と呼びかけ、次の祈りを捧げています。

「もしあなたのつくり給うこの世界のあまりの美しさにわたしが分別を失い、主の栄華を称えるべき仕事をしながら我が身の栄華をこの世で追い求めていたならば、どうか慈悲と哀れみの心で許し給え。そして寛大にも、わたしの述べた証明が主の栄華と魂の救済に道を譲り、決してその妨げにならないようしつらえ給え」*[17]

20

ガリレオの考えた自由落下

Galileo on Free Fall

［1638年］

ガリレオが科学者として高く評価される理由は、複雑な出来事から本質的な物理現象だけを取り出す能力と、その物理現象を豊かな言葉とシンプルな数学で説明する能力、そしてその説明を実際に確かめられる実験を巧みに考え出す能力にあります。しかし彼の才能はそれだけではありませんでした。それどころか、あまりにも多くの面で才能を発揮したので、20世紀にガリレオの伝記を書いたスティルマン・ドレイクは「ルネッサンス時代のこの男の能力のほうが上か、それともこの科学時代におけるわれわれの能力のほうが上か、甲乙付けがたい」と述べたほどです。*[18] ガリレオは凝った散文を書く文筆家でもあり、画家としても大成し、熱心な庭師でもあり、リュートを吹かせれば見事な腕前であり、そのうえ人々と活発に議論を行う論客でした。

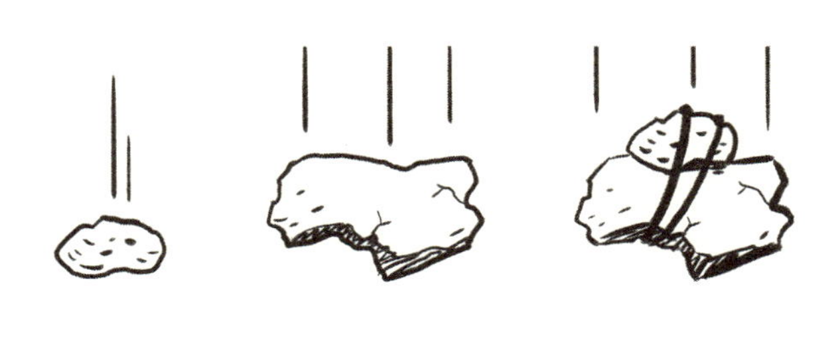

図 32

ガリレオが好んだ方法の１つが、仮説を試すための「思考実験」です。仮説ならではのどれほど馬鹿げたことでもこの方法で結果を検証していたのです。**図32**はそんな思考実験の１つで、『新科学対話』（1638年）に登場します。この本は、３人の友人が４日間にわたって交わした会話というかたちになっています。登場人物は、ガリレオの分身であるサルビアチ、知りたがりで知的で頭の柔らかいサグレド、アリストテレスの見方（と自分で思っているもの）を疑うことなく代弁するシンプリチオ、の３人です。

アリストテレスは身近な現象を取り上げて、一見説得力のある解釈をしてみせます。たとえば、動いている物体は必ず速度を落としていずれ静止するのだから、動き続ける物体には途切れることなくそれを動かす力が作用しているはずである。また、重たい物体は軽い物体より速く水中を落ちていくのだから、重たい物体は空気を含むすべての媒体の中を軽い物体より速く落ち、その速度は2つの物体の重さに正比例し、媒体の抵抗力に反比例するはずである――少なくともアリストテレスはそう考えたのです。

そこでガリレオの分身であるサルビアチは、アリストテレスに以下のように反論します。

アリストテレスに従い、1ポンドの小さな石が秒速1キュビット［昔の長さの単位］で落下し、4ポンドの大きな石が秒速4キュビットで落下するとしよう。ここで2つの石を結びつけて落とすと、小さな石は大きな石の落下を遅らせ、大きな石は小さな石の落下を速めるはずなので、結果として落下速度は秒速1キュビットと4キュビットの間のどこかになる。一方で、2つの石を重さ5ポンドのひとまとまりだと考えると、秒速5キュビットで落下するはずである。この矛盾を避けるには、静止状態から落下し始めるすべての物体が同じ速度で落下するしかない――。

ところが、愚直なアリストテレス信者のシンプリチオはこれでも納得できません。

「ぼくにはまだわけがわからない。小さな石は大きな石と結びつけられたのだから重さが増えたように見える。重さが増えたのなら、なぜ小さな石の落下速度が増えないのかぼくにはわからない。少なくとも、落下速度を遅らせたりはしないのでは――」*19

これに対するサルビアチ、すなわちガリレオの答えには、わたしたちでさえ驚いてしまいます。

> 君が理解に苦しんでいることの前提にある勘違いを説明すれば、君でもわかるようになるだろう。（中略）肩に重い荷物をかついでそれが落ちないように支えていれば、肩は常に重さを感じる。しかし、もしその人が荷物と同じ速度で落下していれば、どうしてその荷物はその人を押したり引いたりできようか。おわかりかな？　これは、君が追いかけるのと同じかそれ以上の速さで君から逃げている相手を槍で突こうとするのと同じことなのだよ。したがって、静止しているなら小さな石は大きな石の重さを増やすが、自然で自由な落下をしているとき、小さな石は大きな石を押さず、それゆえ重さも増やさないと結論するしかないのだ。[*20]

確かに**自由落下**しているときは、どちらの石も相手を押すことはなく、つまりは相手から見れば重さはないのです。この考え方を大いに利用して、およそ300年後にアルバート・アインシュタイン（1879年〜1955年）が一般相対性理論を組み立てます。

ガリレオはアリストテレスの理論への反証として、思考実験だけでなく現実の実験も利用しています。自身の正しさを証明する実験は実際に行うのが難しかったのですが、ガリレオはアリストテレスの考え方に疑問符をつける実験は少なくとも2つ知っていました。1586年にシモン・ステヴィンが、そしてそのはるか以前にジョン・ピロポノス（490年〜570年）が、いずれも重さがまったく違う2つの物体を非常に高い場所から落とす実験をし、重さ自体は落下速度に大きな差を生まないことを明らかにしたのです（同じ実験のためガリレオもピサの斜塔から大砲の弾を落としたといわれていますが、本人による記録はありません）。もしかすると『新科学対話』第1日目に出てくる次の1節で、ガリレオの分身であるサルビアチがこの実験の話をしているので、ガリレオが実験をしたことになったのかもしれません。

「100キュビットの高さから落とす100ポンドの鉄球は、1キュビットの高さから落とす1ポンドの鉄球より先に地面に着く」とアリストテレスはいう。だがわたし（サルビアチ）に言わせれば、2つは同時に地面に着く。実験をすればわかる。大きい鉄球は指2本分速く落ちる、つまり大きい鉄球が着地したとき、小さい鉄球は指2本分だけ遅れているだけだ。さて、こうなれば君はこの指2本分の差にアリストテレスのいう99キュビット〔1キュビットは成人の肘から中指の先までの長さ〕を押し込めようとは思わないだろう。そして、わたしの小さな間違いを指摘しながら同時にアリストテレスのこのきわめて大きな間違いを黙って見過ごしもしないだろう。*21

ガリレオは、アリストテレスの考えた自由落下の理屈を根底からくつがえすと、自分の仮説を紹介します。すべての物体は、動きを邪魔する媒体がなければ、落下するときに同じ割合で加速するという説です。具体的には一定時間に一定量の速さ、すなわち1秒につきおよそ32フィート（9.8メートル）の速さを増していくのだとします。ガリレオは、この仮説が正しければどのような結果が生じるかを数学を使って推論し、それを確かめるための実験方法も考え出します。物体の落下速度を正しく測るのは速すぎて難しいので、斜面に玉を転がすことで自然な落下の加速度より遅くなるよう工夫しました。この一連の手順（仮説を立て、それに基づき推論し、実験で確認する）はガリレオの正しさを見事に証明しました。それ以来、この手順が現代物理学の標準的手法になっています。

21
ガリレオの考えた放物運動
Galileo on Projectile Motion

［1638年］

1616年、ローマ・カトリック教会の異端審問所はガリレオに対し「太陽こそが世界の中心にあって動かずに地球が動く、という考え方を全面的に捨て去るように」と警告しました。ガリレオはその考え方を「口頭であれ文章であれ、いかなる方法であろうと、心に抱くことも、教えることも、正しさを訴えることも」しないと約束します。*22この約束をガリレオは、1632年の『天文対話』の出版によって、何とも劇的なかたちで破ります。この本では、太陽中心説の正しさを強調するために技巧を凝らした対話が展開され、それに反論する相手の理屈はいかにも説得力ないものとして書かれていました——さすがにこれでは誰の目もごまかせません。

異端審問官はガリレオに「異端の深い疑い」があるとの有罪判決を下し、終身刑を言い渡しますが、結局はアル

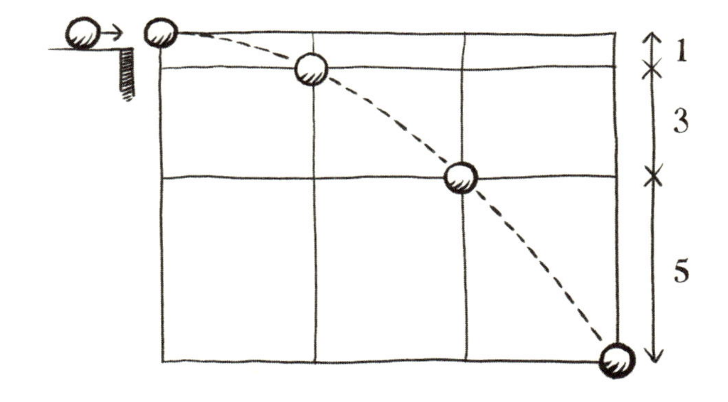

図 33

チェトリにあるガリレオの別荘での軟禁に減刑されました。今回はさすがのガリレオもいやいや誓わされた約束を守り、少なくとも公の場では2度と世界の成り立ちについて書いたりしゃべったりすることはありせんでした。

ガリレオにとっては屈辱的な軟禁生活でしたが、後世には恩恵をもたらしました。というのも、彼は残りの人生を宇宙論に背を向け、最大の功績とされる別のテーマ「運動の記述」に没頭するのです。1610年にガリレオは望遠鏡を使って数々の発見をし、地上界と天上界が同じであることを示しました。それにもかかわらず、宇宙論に背を向けた後のガリレオは、天体の軌道が真円であるという考え方を変えることなく、天体が楕円軌道を描いているというケプラーの発見を無視しました。ケプラーは大いにがっかりしたものです。アルチェトリの別荘に移った後のガリレオは、宇宙ではなく、それまでになかった新しい運動学の基礎となる発見をします。その内容はいまでも役立っています。この研究のため、ガリレオは1633年までに多くの年月をかけて準備を進めていました。

放物運動という現象は、ガリレオの時代まで分析されることを拒んできました。いまのわたしたちなら高速撮影できるデジタル・ビデオカメラと曲線回帰ソフトを使えますが、ガリレオは一定間隔ごとに印をつけたひもで距離を測り、時間は水時計のしたたりを数えるか、さらに不正確な自分の脈拍数で測るしかなかったのです。

ガリレオはまず、放物運動の形式的な説明を示します。次に、その説明が正しければどのような結果になるかを考え、それを苦労して得られた実験結果と照らし合わせます。彼は学生時代からずっと、等速運動と等加速度運動の違いを意識していました。等速運動する物体は一定時間に同じ距離を動くのに対し、等加速度運動する物体は一定時間に同じだけの量の速度を増していきます。この違いは14世紀から知られていました。そしてガリレオは、放物運動とはこの2種類の運動の組み合わせであると考えたのです。

水平方向の動きは等速運動、落下する動きは等加速度運動だと。彼はまた、等速運動する物体の移動距離は経過時間の１乗に比例するのに対し、等加速度運動する物体の移動距離は経過時間の２乗に比例することにも気づいていました。

図33は、高い場所にある水平な面から球を転がして落とした様子を一定時間(インターバル)ごとに連続撮影したものです。球は、落ちる前から続く横方向の等速運動を続けながら落下します。インターバルごとに球がどれだけの距離を落ちたかは、図右側の1、3、5･･･という連続する奇数の整数が示しています。これを見ると、下方向への加速は一定であるとわかります。なぜなら、最初の１インターバルで球は１単位の距離を落ち、２番目のインターバルで３単位の距離を落ち、3番目のインターバルでは5単位･･･と続いているので、最初から１インターバル後までの落下距離の合計は $1=1^2$ 単位、最初から２インターバル後までの落下距離の合計は $1+3=2^2$ 単位、３インターバル後までだと $1+3+5=3^2$ 単位･･･と続いていくからです。これを一般化すると、最初から n インターバル後までに球が落下した距離の合計は n^2 単位になります。つまり、球の落下距離は経過時間の２乗に比例するのです――そして、これこそ等加速度運動の特徴でした。この２種類の運動を組み合わせた結果は図のような放物線で、落下距離は横方向の移動距離の２乗に比例します。

以上がガリレオの説いた考え方ですが、彼はどのようにその正しさを確かめたのでしょうか——。放物線を描こうがまっすぐに落下しようが、いずれにしても重さのある物体の下方向への落下速度は1秒に32フィート（9.8メートル）ずつ、しかも毎秒速くなり続けます。丹念に観察するには加速が急すぎるのです。そこでガリレオは、自由に落下させる代わりに傾きをつけた平面の上に銅の球を転がすことで、重力による「自然加速」（とガリレオは呼んでいました）のペースを遅くしたのです。摩擦をなるべく減らすため、ツルツルに磨いた固い木で斜面をつくりました。ガリレオは同じ装置で何度も実験を繰り返してデータを集めました。

ガリレオによるこの放物運動の研究は、『新科学対話』（1638年）の第4日目に登場します。それは物理学に新境地を切り開き、現代の科学的手法を先取りするような研究手法でした。彼は、「動き続ける物体には途切れることなくそれを動かす原因があるはずだ」とするアリストテレスの考え方を切り捨て、そのうえ放物運動の原因を見つけ出すという困難な作業もあえて先送りしたのです。放物運動の記述に専念するためでした。放物運動を記述することで、宇宙全体への関心から目をそむけ、別の現象に関心を向けたのです。周囲の環境から切り離して単独で考えられる現象、そこから本質的な要素だけを抜き出せる現象——それが放物運動でした。ガリレオはこの物理現象を説明できる

シンプルな数式を探し、その数式の正しさを確かめるため
できるかぎり理想に近い状況を再現した実験を行いました。
　ガリレオが放物運動を調べた方法をもとにした、いまでも物理の授業でよく使われる簡単な実験装置があります。高さのある木製のブロックの上にまったく同じ鉄球を２つ乗せ、ばねのついたレバーで１つの鉄球を水平方向に打ち出します。それと同時にもう１つの鉄球の支えがはずれ、静止状態からまっすぐに落下します。「ドスン」という音は１回しか聞こえないので、確かに２つの鉄球は同時に床に落ちたと納得できます。こうして、放物運動する物体と自由落下する物体はどちらも下方向へ同じ量で加速していることがわかるのです。

22
拡大・縮小と相似
Scaling and Similitude

［1638年］

図34はガリレオ自身が描いた絵で、『新科学対話』（1638年）に登場します。ただ骨の形を伝えるだけなら輪郭だけで十分です。細かく描き込まれた陰によってそれだけが目的の絵ではないとわかります。ガリレオはこれを2つの「本物の骨」として見せたかったのです。それを使って**拡大・縮小**（**スケーリング**）と**相似**という概念を説明し、ものの大きさの理論の第一歩にしようと試みたのです。

数学の世界では、たとえば大きさだけが違う同じ形の2つの三角形を**相似関係にある**といいます。3次元の物体、たとえば各部分の比率が等しく大きさだけが違う2つのピラミッドなどもやはり相似関係にあるといいます。ところが、自然界にある似たような形のモノや生き物の場合、そのほとんどは大きさがある程度決まっています。一定の範囲内でのみ、その種としては大きめや小さめのモノや生き

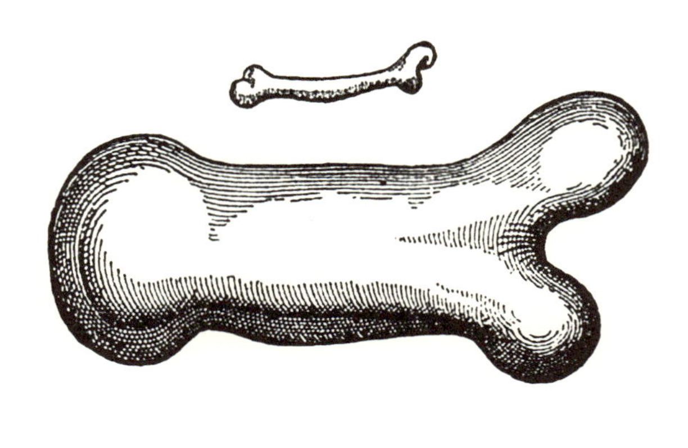

図 34

物になれるのです。

ときにわたしたちは、拡大・縮小の空想をたくましくしすぎることもあります。ジョナサン・スウィフトの『ガリバー旅行記』では、嵐に巻き込まれたレミュエル・ガリバーがリリパッド国という島にたどり着きます。そこの住民はガリバーの12分の1の大きさしかありません。次にガリバーはブロブディンナグ国という島に置き去りにされますが、そこの住民はガリバーの12倍の大きさです。巨人も小人も大きさという1点を除けば、長所も短所も、賢い点も愚かな点も、スウィフトの時代の人間たちとほとんど変わりません。

このお話はとても面白く、また教訓に満ちてもいますが、ガリレオが読んだらこの物語に隠された1つの問題点に気づいたことでしょう。というのも、無限に大きな物体や無限に小さな物体を数学の世界で想像することと、そうした物体が実際に自然界に存在する姿を想像することとはまったく別の話なのです。ガリレオに言わせれば、普通の人間の12倍も大きな巨人がいたら自分の重さでつぶれてしまいます。

ガリレオは、手足の強度を決めるのはその横断面ではないかと考えました。合理的な考えです。というのも、筋肉が何かを押したり引いたりするとき、その力は手足の横断面にかかります。しかも骨とはいわば角材のようなものです。角材が折れるときは、一度にあちこちが折れるのではなく、裂け目のできた一カ所の横断面で折れます。ところが、骨や角材が支えなければならない重さは、その骨や角材が含まれる構造物全体の大きさに正比例して重くなります。一般に、生き物でも無機的な構造物でも、その強度は横断面の面積に正比例するのに対し、支えなければならない重さは全体の大きさに正比例するのです。

物体の倍率を大きくすれば、すなわちスケール因子（倍率）Lが大きくなれば、横断面の面積はスケール因子の2乗（L^2）で増えていきますが、全体の体積はスケール因子の3乗（L^3）で増えていきます。したがって、物体の強度とそれが支える重さの比率はL^2/L^3すなわち$1/L$で変化していきます。この関係は**2乗3乗の法則**として知られています。生き物や構造物が大きくなればなるほど自らの重さを支えられなくなるのは「2乗3乗の法則」のせいなのです。

同じ理由で、全体の形はだいたい同じでもサイズが小さい生き物は、そのぶん強度に余裕があります。「それゆえ、小型犬なら自分と同じ大きさの犬をおそらく2、3匹は背中に乗せて運べるだろう。しかし馬は自分と同じ大きさの馬を1頭すら背に乗せて運べないはずだ」とガリレオは述べています。*23 アリだったら自分の10倍を超える重さでも運べるかもしれません。

ガリレオの絵を見てください。大きいほうの骨は小さいほうの骨の10倍ほど幅はありますが、長さは3倍ほどです。つまり2つの骨は幾何学でいう相似ではありません。ガリレオがこの2つの組み合わせを選んだのは、強度重量比がわかりやすく表現できるからです。大きい骨の断面積は小さい骨の10^2倍、すなわち100倍ですから、大きい骨は小さい骨の100倍の重さを支えたり運んだりできます。そして、もしこの大きい骨の持ち主がずんぐりと寸の詰まった体形でそれなりに手足の太い生き物なら、つまりこの太い骨のように「ムダに頑丈」といわれるような体格なら、小さい骨の持ち主のわずか300倍程度の重さに何とか収まっているかもしれません。その場合、その大きな生き物は強度では劣るものの、現実に存在できる可能性はあるでしょう。ところが、もし大きな骨の持ち主が小さい骨の持ち主と幾何学的に相似の姿をしており、サイズが10

倍あるとすると、強度は100倍しかないのに重さは1000倍にもなってしまいます。そのような生き物が現実に存在できる可能性はおそらくないでしょう。自然は、大きさに対する強度を保つために、**幾何学的相似**とは別のルールを採用しているのです。

さまざまな状況ごとに、重さや長さ、温度といったいろいろな物理量のうちどの比率が大きな意味を持つのかを見つけ出す科学を**次元解析**といいます。エンジニアは縮尺模型をつくり、強風を生み出す風洞や船を動かす曳航水槽の中などでテストして、そうした物理量の関係を調べます。それと同じく比較動物学者も、次元解析の助けを借りながらそうした重要な比率を探し求めます。ほとんどの場合、それを見つけるカギは、構造物や生き物が周囲の環境とどのように相互作用するかにあります。たとえば、水の上で暮らす小さな虫は重力を気にする必要はそれほどありませんが、水の表面張力と粘性にうまく対処する必要があります。また、小さな哺乳類は体温を維持するための特別な工夫をつくり出しています。一般にサイズを拡大したり縮小したりするときは、関係する力間の比を一定に保つこと（**力学的相似**）、関係する速度間の比を一定に保つこと（**運動学的相似**）、または関係する温度間の比を一定に保つこと（**温度の相似**）のほうが、幾何学的相似を保つことより重要なのです。

23

空気の重さ

The Weight of Air

［1644年］

水銀という元素はそれなりに珍しいものですが、地中で他の元素と簡単に混ざらないため、鉱物資源が埋まっているような場所でまとまって見つかることがよくあります。わたしたちの祖先は何千年にもわたり、この銀色に輝く液体の金属を、その毒性にもかかわらず採掘してきました。薬や装飾品としても使われ、比重が高いという性質が重宝されました。

エヴァンジェリスタ・トリチェリ（1608年〜1647年）は水銀の比重を水のざっと14倍と予想しました。それだけの比重を持ちながら液体であるため、**図35**に示したような史上初の**気圧計**をつくるのにぴったりだと考えたのです。彼はまず一端が閉じられた細いガラス管を用意し、それを水銀で満たしてから開いているほうの口を自分の指で塞ぎ、上下をひっくり返して、水銀を満たしたボウル状の

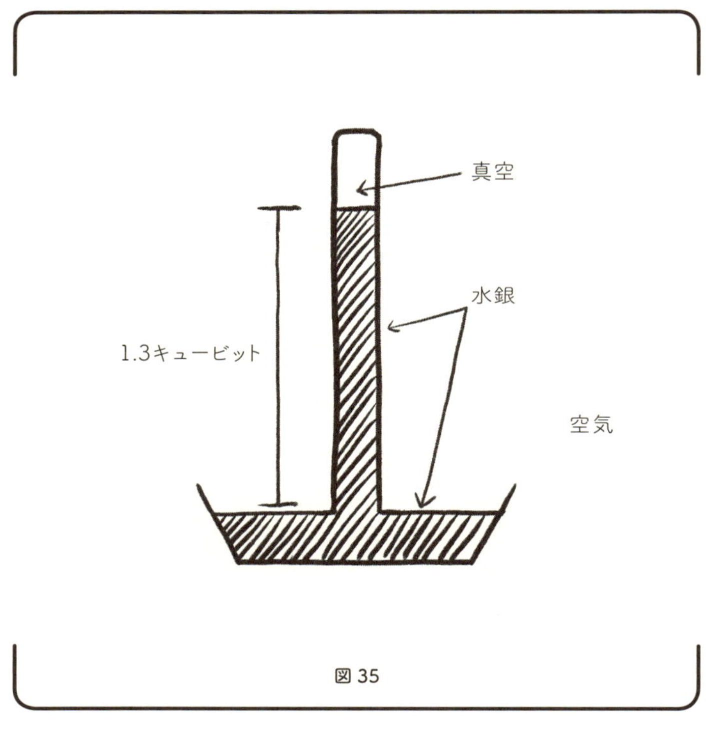

図 35

容器に突っ込みました。指を離すと同時にガラス管の中の水銀が下がり、高さおよそ1.3キュービット（2.5フィート、または29インチ、もしくは74センチ）のところで止まりました。こうしてトリチェリは、それまで長い間つくるのが不可能だと思われていたものをガラス管の上部につくりだしたのです。それは何もない空間、すなわち真空でした。この空間を**トリチェリの真空**といいます。

しかし、当時は「自然は真空を嫌う」ともいわれていました。トリチェリの実験の数年前、ガリレオ（1564年～1642年）はある職人の話を聞いて真空の性質について考えるようになりました。その職人は井戸から水を吸い上げるポンプ（図36）を修理するため呼ばれたそうです。ガリレオの著書『新科学対話』（の第1日目の会話）から、引用しましょう。

「問題はポンプの故障ではなく水にあった。水の位置が低くなりすぎて、吸い上げられる距離ではなくなったのだ。さらに彼（職人）が言うには、ポンプだろうが他のどんな機械だろうが、吸引力を使うかぎり18キュービットをわずかでも超えて水を吸い上げることは不可能だという。ポンプが大きかろうが小さかろうが、これが吸い上げられる限界らしい」*24

ポンプの上部に生まれた真空が（真空をつくるまいとする自然の力によって）ポンプ内の水柱を引っ張り上げているのだとガリレオは考えました。そして水柱があまりにも高くなると自らの重さでつぶれてしまうのだろうと。ちょうど木や鉄の棒をてっぺんで支えてぶら下げた場合、長すぎると壊れてしまうのと同じように。

トリチェリはガリレオをたいそう尊敬し、盲目でしかも軟禁中だったこの人物が亡くなる最後の3カ月間、身の回りの世話をしたほどでした。しかし、真空が水の重さを支えているとするガリレオの説は否定します。むしろ正反対

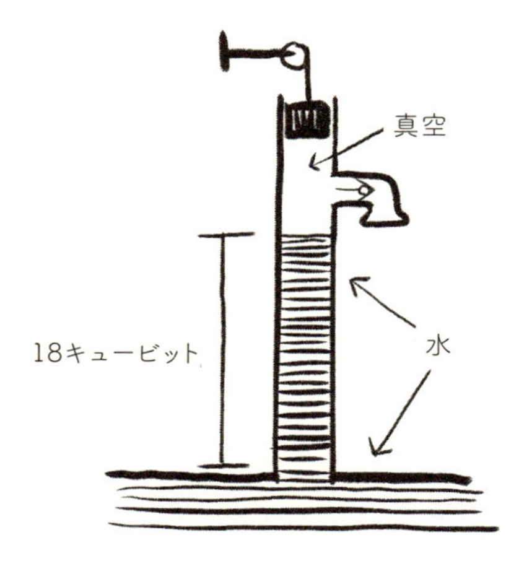

図 36

の考えを持っていました。「われわれは空気という海の底に住んでいる」*25のだから、周りを取り囲む空気が気圧計のボウル状容器の表面を押し込み、井戸水の水面を押し込み、その力によって水銀柱や水柱を上に押し上げているというわけです。水銀の比重は水のおよそ14倍なので、空気が支えられる水柱の高さは水銀のおよそ14倍、すなわち18キュービット（34フィートまたは10メートル）になります。トリチェリは自分が考え出した気圧計を使い、空気の重さが天気によってどのように変化するかを調べるつもりでした。しかし当時の技術では、気温によって変わるガラスや水銀の体積と調べたい変化とを切り分けて調べることができませんでした。

結局、トリチェリの説が残り、ガリレオの説は消えました。もし気圧計の水銀柱が高い位置にいられる理由が、真空をつくるまいとする力によって引っ張り上げられているからではなく、周りの空気の重さによって押し上げているからだとすれば、気圧計を高い場所に運べば水銀柱は短くなるはずです。高い場所では空気が薄く、その重さも減ることはすでに知られていました。そこで、哲学者にして数学者、さらに物理学者でもあったブレーズ・パスカル（1623年〜1662年）がその実験を行います。パスカルは姉の結婚相手で判事のフロラン・ペリエに頼み、水銀の気圧計を山の頂上まで運んでもらいます。フランスのクレルモン＝フェラン近郊にそびえる高さ900メートルのピュイ・ド・ドーム山でした。

パスカルが念入りに義兄に指示した実験のやり方や、そのペリエが実際の実験の様子を興奮気味に説明する様子は、パスカルが1648年に書き上げた論文“The Great Experiment on the Weight of the Mass of the Air（「大気の重さに関する大実験」）”に記されています。実験結果は、空気が重さを持つという考え方の正しさを完全に証明するものでした。ペリエは水銀の気圧計を2つつくり、1つはピュイ・ド・ドームのふもとに残し、もう1つを仲間と一緒に山頂に運びます。山を登っている間に水銀柱の高さは8センチ（3と5/32インチ）下がったのです。ペリエは同じ実験を小規模にして行いました。高さ37メートル（120フィート）のクレルモン・ノートルダム寺院に登ったのです。パスカル自身もパリで高さ46メートル（150フィート）の塔に登ってこの実験を繰り返しました。どちらの場合も、水銀柱の高さは登った高さに比例して下がりました。この理由として唯一信じられる説明は「われわれは空気という海の底に住んでいる」というトリチェリの言葉でした。パスカルは前述の論文を次の結論で締めくくっています。

> 自然が真空を嫌う気持ちは、低地より高地のほうが強くなるのだろうか。（中略）尖塔の上と屋根裏部屋と中庭では、自然が真空を嫌う程度が違うのだろうか。（中略）彼ら（アリストテレス学派）に教えてやろうではないか。実験こそ、物理学の世界でわれわれが従うべき真の主人なのだと。例の山頂の実験が、広く信じられていた「自然は真空を嫌う」という考え方をひっくり返し、もう二度と迷うことのないようこの世界に新しい知識を与えてくれたことを。自然は真空を嫌ってなどいない。自然は真空を避けるためにどんなこともしない。大量の空気の重さこそ、これまで想像上の原因のせいにされてきたすべての現象の原因なのだ。[*26]

24
ボイルの法則
Boyle's Law

［1662年］

ロバート・ボイルが図37に示した実験を最初に行ったとき、大失敗に終わりました。彼が使ったガラス管は片方が短いU字型で、両方の足は互いに平行です。長いほうの足は6フィートを超える長さで、短いほうの足は先端が閉じています。ボイルは長いほうの先端に開いた口から水銀を注ぎました。実験の目的は、**図37**右に示したHとhの長さをセットで記録することでした。Hが示すのは、長い足の水銀の高さと短い足の水銀の高さの差です。hが示すのは、短い足に閉じ込められた空気の部分の高さです。しかし、ボイルはデータを集める前に、扱いにくいこのガラス管をうっかり壊してしまいました。きっと高価な水銀もこぼしてしまったことでしょう。

ボイル（1627年～1691年）は非常に裕福な初代コーク伯爵の息子として生まれ、十分な教育を受けて育ちました。

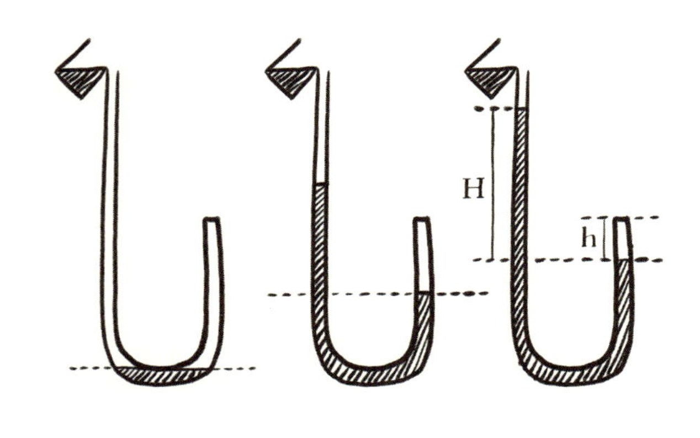

図 37

つまりこの実験を行うのに必要な専門知識と財力の両方を持っていたのです。好きなだけ実験をやり直せる財力、と言ってもいいでしょう。また、トリチェリの気圧計（1643年）と空気の重さを示したパスカルの実験（1648年）についても知っていたので、自分の実験結果が何を意味するのかも理解していました。いまでこそ英米で**ボイルの法則**として知られる法則を、目に見える形で示したのです。この法則についてボイルが初めてはっきりと文章で述べたのは、以前に出版した『空気の弾性と重さに関する学説の弁論』

（1660年）への付録（1662年）においてでした。

図37はボイルの法則の背後にある考え方を説明しています。左の図では、短い足側の空気はかろうじて長い足側の空気とつながっており、そこを通して外気ともつながっています。トリチェリの気圧計のおかげで、わたしたちを取り巻く空気の圧力（気圧）は水銀柱を29インチ強の高さまで支えられるとわかっています（ちなみに水柱なら34フィートまで、空気の柱なら大気圏のてっぺんまで支えられます）。さて、ガラス管に水銀を注ぎ続けると、短い足側の空気は外気と切り離されて閉じ込められます。そしてガラス管の両側で水銀柱の高さが増すにつれ——長い足側のほうが早く高さを増します——短い足側の空気は圧縮されます。ボイルは連動する3つの値〈Hと$H+29$とh〉を1/16インチの単位まで細かく記録しました。次ページの表はその数値をインチ単位になるよう四捨五入したものです。

長い足側の水銀柱が短い足側の水銀柱より29インチ長くなったとき、短い足側にかかる気圧は、29インチの水銀柱を支え、さらにその上にある大気圏のてっぺんまで伸びた空気の柱（その重さは29インチの水銀柱もう1つ分に等しい）を支えるのに十分なはずです。この時点で、短い足側に取り残された空気柱の高さは最初の12インチから6インチにまで圧縮されています。さらに水銀を注ぎ続けると、$H+29$の値は増え、hの値は反比例して減っていきます。この関係は$(H+29) \propto 1/h$と表せます。ゆえに$H=2$

H	H+29	h
0	29	12
1	30	12
3	32	11
4	33	11
6	35	10
8	37	10
10	39	9
12	42	9
15	44	8
18	47	8
21	50	7
25	54	7
29	58	6
35	64	6
41	70	5
49	78	5
58	88	4
71	100	4
88	117	3

＊27

×29、すなわちH+29=3×29のとき、hは当初の値の3分の1に減っています。ここで、H+29は短い足側に閉じ込められた空気柱が受けると同時に支えている気圧Pに正比例し、hは閉じ込められた空気の体積Vに比例するので、この表のデータはボイルの法則を実証しているといえます。このボイルの法則を式で表すと$P \propto 1/V$となり、それを図示したのが**図38**です。

ボイルは、$P \propto 1/V$が成り立つのは気体の温度が一定のときだけだと知っていたかもしれません。実験ではそうなっていました。しかしボイルは結局この限定条件については一言も触れていません。この条件をはっきりと説明したのは、1667年に独自にボイルの法則を発見したエドム・

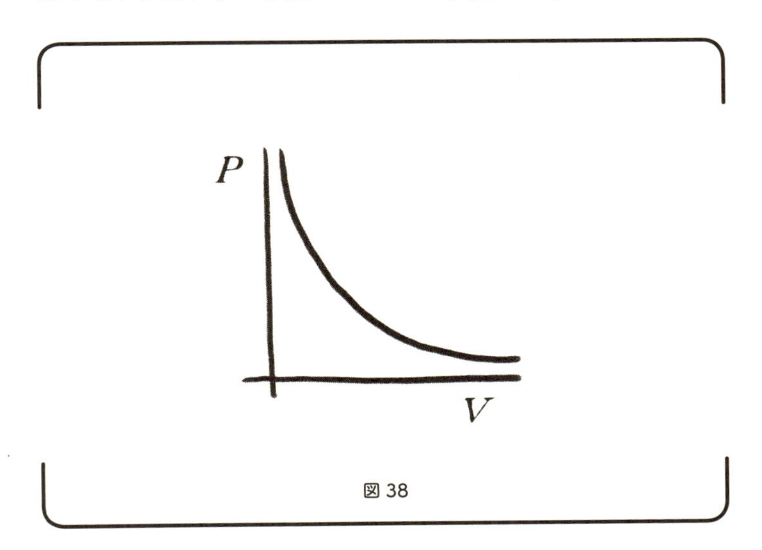

図38

マリオット(1620年～1684年)でした。このため欧州の人々は「ボイルの法則」ではなく**マリオットの法則**または**マリオット－ボイルの法則**と呼ぶことが多いのです。

ボイルは実証研究を何よりも大事にした人でした。彼の名を冠した法則もその姿勢から生まれました。そのような姿勢を重視した先人にはフランシス・ベーコンがいました。ベーコンと同じく、ボイルはすべてを支配するかのような理論には懐疑的でした。しっかりとした観察とていねいな実験によって得られたデータがまず先にあり、それをいかすという目的があるときのみ、頭で考えただけの仮説や物理法則を表す数式が助けになるというのがボイルの考え方でした。

裕福な英国系アイルランド人家庭の多くがそうであるように、ボイルも自宅で家庭教師から学びつつ、英国のパブリック・スクールに通いました。ボイルの場合はウィンザーに近いイートン校でした。1639年、12歳のときに英国を離れ、家庭教師をともなって大陸欧州に留学します。留学中にボイルの父が他界し、かなりの遺産を相続します。1644年に帰国すると、アイルランド人は英国による支配に反抗しており、英国は内戦の真っ最中でした。ボイルの兄弟姉妹は起きたばかりのこの紛争で両陣営に分かれて争っていましたが、ボイル自身はどちらの陣営にも与しませんでした。彼が昔の家庭教師に宛てた手紙によると、

「両陣営からの危害」にさらされながら「どちらからも保護されない」と感じていたようです。*28 彼は生涯を通じて、政治と宗教に関するものすべてに「慎重な態度」*29 を貫きました。

ボイルは「化学の父」と呼ばれることもあります。その理由はおそらく、アリストテレス学派の4元素説（土、空気、火、水）もパラケルススの3原質説（塩、硫黄、水銀）も否定し、代わりに化学にまつわる現象はすべて「微粒子の運動の仕組み」という観点から理解すべきだと強調したためでしょう。1640年代の後半に入ると、ロンドンにいたボイルは同じような考えを持つ自然哲学者のグループと毎週集まっていろいろな物理現象を実演しては議論したり観察したりするようになります。後にロンドン王立協会へと発展するこのグループを彼は「見えざる大学」と呼んでいました。

ボイルはさまざまなことに興味を持ち、物理科学のみならず医学や神学、言語学についてもたくさんの文章を書き残しました。こうした文献の半分近くは神学のテーマを扱っており、とりわけ神学と新しい理念である実験科学との関係について多く書き残しています。ボイルの死後、その遺言状に基づき、キリスト教の正しさを弁護する一連の講演会（ボイル・レクチャー）が彼の遺産を使って実施されました。2004年には、キリスト教と科学の関係を探るという明確な目的を持ってこのボイル・レクチャーが再開されています。

25
色に関するニュートンの理論
Newton's Theory of Color

［1666年］

アイザック・ニュートン（1642年～1727年）がケンブリッジ大学のトリニティ・カレッジに入学したのは1661年です。王政復古の翌年で、チャールズ1世の斬首とオリバー・クロムウェルの10年におよぶ独裁政治に続く時代でした。ニュートンが入学したあたりからケンブリッジ大学は長い下り坂の時期に入り、ニュートンの死後になってやっと盛り返します。同大学の教授たちは主として聖職者となる若者の教育に専念することになっていましたが、それは名ばかりで、実際には個別指導も講義も論文公表も義務づけられておらず、大学に留まっている必要さえありませんでした。実際、多くの教授は何カ月も何年もまとめて休んでいました。それでも給料がもらえたのです。教授をクビになる理由は3つだけ。故意に人を殺すか、異教徒になるか、結婚するか、このいずれかの罪を犯したときだけでした。

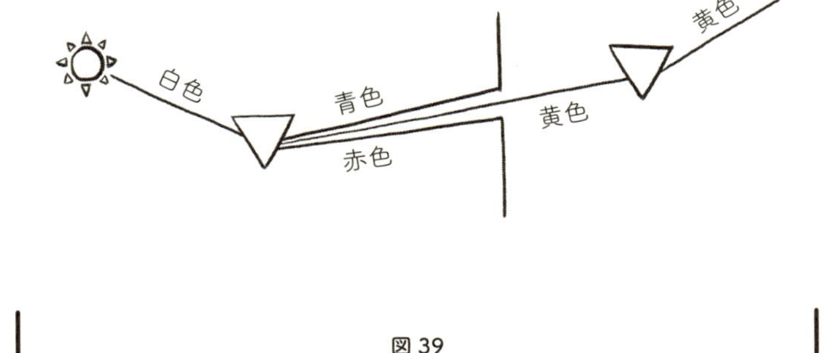

図 39

それでもニュートンにとってケンブリッジはいろいろな面で理想的な場所でした。彼は自らの意思で努力する独立心の強いタイプで、仮に優れた教授についたとしても素直にその指導には従わなかったことでしょう。本といくつかの道具（自分の学生寮には旋盤を据え付けました）さえあれば十分で、後は放っておいてもらえればよかったのです。彼は自分で選んだテーマをひたすら考え続けるというやり方で学びました。若い頃に取りつかれたように考え続けたのは数学と力学、そして光学でした。

ニュートンは人文学修士号を得た後でトリニティ・カレッジの教授となり、30歳でルーカス教授職に選ばれました。英国でもっとも高給な教授職の1つです。あまりにも順調な出世ぶりに、20世紀になってニュートンの伝記を書いたリチャード・ウェストフォールは、その時代の学会人事をほぼ決めていた教会か宮廷に、この若者の強力な後ろ盾がいたはずだと考えました。[*30] それがどういう人物だったのかはいまとなってはわかりません。さて、教授になると就任記念講義をしなければなりませんが、ニュートンが選んだテーマは「色」という現象でした。

わたしたちがいま学んでいるのはニュートンの色彩理論そのものなので、それ以前にどのような考え方をしていたのか想像するのはむしろ困難です。しかしそれまでの2000年間、太陽光は混じりけのない単体だと思われてきました。もともとは無色の太陽光が、さまざまな透明な物質に反射したり屈折したりする際に、何らかの方法で色が着くのだと信じられていたのです。たとえばニュートンは最初、光は小さな粒が集まってできており、反射や屈折によってその粒子にテニスボールのようにスピンがかかると想像してみました。スピンの回転率によって違った色に見えるというわけです。しかし自らプリズムを買い込んで実験を始めると、彼はこのアイデアを捨て去りました。

ニュートンの実験によって、それまでとは根本的に異なる色彩理論が浮かび上がってきたのです。彼は自宅の一室を暗幕で囲い、暗幕に開けた小さな丸い穴を通って太陽光が差し込み、それが三角形のガラス製プリズムに当たるように実験の準備を整えました。**図39**の左半分がその様子です。このようにプリズムに光を当てると色つきの光が生まれることは、ニュートンの時代においても「常識」でした。ルネ・デカルトやロバート・ボイル、ロバート・フック（1635年～1705年）らもこの現象について触れていますが、誰ひとりとしてプリズムを通って屈折した光線を数フィート以上遠くに離れた場所に映し出した人はいませんでした。このため、屈折の後で光線の大きさと形が変わっていることに、変化が小さすぎて誰も気づかなかったのです。これに対してニュートンは、屈折後の光線を部屋の反対側の22フィート離れた壁に映し出しました。するとどうでしょう。もともとは円形だったはずの像が長方形に引き伸ばされ、長いほうの辺は短いほうの5倍にもなりました。そして引き伸ばされた部分には連続するさまざまな色が映し出されたのです。さらに、この長方形の像の大きさはプリズムからの距離に正比例していました。太陽光はさまざまな色の組み合わせでできており、それぞれの色ごとに屈折する度合いが異なるのだ、とニュートンは結論しました。赤色より黄色が、黄色より青色が大きく屈折するというふうに。

その考え方が正しいかどうかを確認するためにニュートンが行った追加実験の様子も、**図39**に描かれています。この実験をニュートンは「決定実験」［複数の相反する仮説のどれが正しいかを決める実験］であるとしました。*31 追加実験でも、太陽光線が三角形のガラス製プリズムを通り、光を通さない平面上に長方形の像を映し出すところまでは前の実験と同じです。ここからさらに、1種類の色の光だけ（ここでは黄色）が通り抜けるよう平面に穴を開け、その黄色の光が2つ目のプリズムに当たるようにします。もしプリズムがさまざまな色を生み出す理由が、光線をつくり上げているそれぞれの色を切り分けるからではなく、光線を変化させるからであれば、2つ目のプリズムも黄色い光線の色を変化させるはずです。ところが実際は黄色い光線が2つ目のプリズムを通っても黄色のままでした。この時点でもニュートンは光が粒子の集まりだと信じていますが、同時に次の4つのことを確信します。

① 太陽光は雑多な色が混じり合っており、
② その色はそれぞれ屈折率が異なるため、
③ 屈折すると各色は切れ目のないスペクトルに分かれる。
④ また、光を通さない物体がいろいろな色に見えるのは、1種類の色だけを選択的に反射するからである。

この光彩理論はすぐさま1つの産物をもたらしました。ニュートンは、星に完全にピントを合わせられる望遠鏡用レンズをつくろうとする努力をやめてしまったのです。というのも、レンズは星から来る光を屈折させてピントを合わせますが、太陽光と同じでさまざまな色が混ざっている星の光は色ごとに屈折率が異なるため、屈折望遠鏡では決して1点ですべてのピントが合うことはなく、完全な星の像を結ぶことができないのです。そう気づいてニュートンは**反射望遠鏡**をつくる気になったのでしょう。1668年に彼がつくり上げた史上初の反射望遠鏡は、いっさい光の屈折を使っていません。

900ページにおよぶニュートンの伝記『アイザック・ニュートン』(1993年、平凡社。日本語版は2巻で計1141ページ)の序文で、著者のリチャード・ウェストフォールは打ち明けています。この人物について知れば知るほど、変わり者に思えてくると——。[*32] ニュートンは死ぬまで結婚せず、友達もほとんどいなかったようです。それでもケンブリッジの教授たちは、畏怖の念とはいわないまでも敬意は抱いていました。ニュートンはときどき、きれいに整えられたトリニティ・カレッジの砂利道に前ページのような図を描くことがありました。するとほかの教授たちは、この名教授の思考を邪魔しないよう、しばらくの間は注意深く地面の図を避けて歩いたものでした。

26

自由物体図

Free-Body Diagrams

［1687年］

物理学を勉強する学生がある段階までくると、1つの重要な図の使い方をマスターするよう求められます。それが自由物体図です。ある状況を力の観点から分析するために役立つツールです。ニュートンの考えた一般原則の1つに、「物体のみがお互いに力を作用し合う」というものがありますが、そもそも「力」とは何でしょう？　その力を作用させたり、作用されたりする「物体」とは何でしょう？　これからその答えを探っていきますが、そのときにわたしたちを助けてくれるのが自由物体図なのです。

たとえば、一見すると単純に思える次のような状況を考えてみましょう。テーブルの上に1冊の本が置いてあり、そのテーブルは床の上にあります。本とテーブルはどちらも重さがあるので、地球の中心に向かって下に引っ張られていることをわたしたちは知っています。この重力

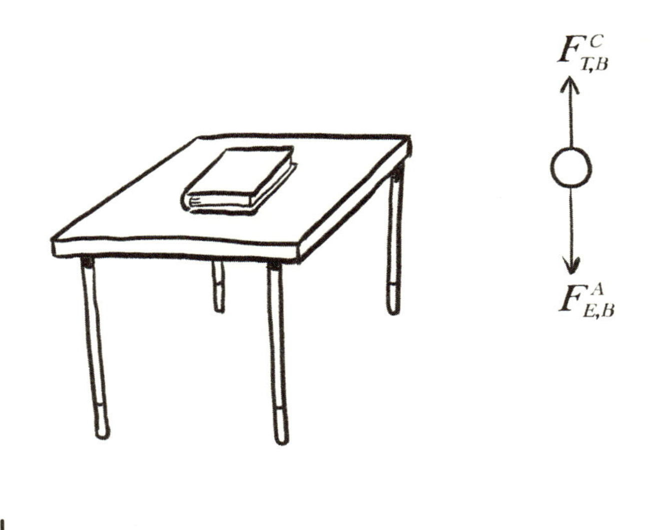

図 40

——“gravitational force”はラテン語で「重い」を意味するgravisに由来します——は**遠隔力**の1つです。なぜなら地球本体は本にもテーブルにも触れることなくそれらを下に引っ張るからです。反対に、相手に触らないと作用できない力を**接触力**といいます。

先ほどの本とテーブル、そして本の自由物体図を描いたのが**図 40**です。自由物体図では、物体を点か白丸で表し、その物体に作用する力を方向付きの線分（つまり矢印）

で表します。この線分はその物体を出発点とし、矢印の指す方向がその力の向きを示しています。線分の長さはその物体に作用する力の大きさに比例しています。より長い線分はより大きな力を表し、同じ長さの線分は力の大きさが等しいことを意味します。さらにそれぞれの力を表す記号には、その力の性質を示す上付き文字を加えます。遠隔力（action-at-a-distance force）ならA、接触力（contact force）ならCです。また、下付き文字も加えることでその力の発生源と作用先も示します。したがって$F^{A}_{E,B}$は地球(E)が本(B)におよぼす遠隔力（A）を意味します。この力のことをふだんは本の「重さ」といっています。

さて、もしこの本に作用している力が重力だけならば、**ニュートンの第2法則**により、本は下に向かって加速していくはずです。しかし、わたしたちの最初の設定では本は静止していることになっています。つまり本の加速度はゼロでなければなりません。したがって、本が静止しているためには、本に作用する（差し引きした）正味の力はゼロでなければならず、地球の重力とは違う別の力がこの本に作用しているはずなのです。

では、この本に作用しているもう1つの力の発生源は何なのか、消去法を使って演繹的に推論してみましょう。まず、力は必ず遠隔力か接触力のどちらかです。地球の重力が本を引っ張る力は、この本に作用している唯一の遠隔力です（本とテーブルの間に働く重力はきわめて小さいため、ここでは無視します)。そして、本に接している物体は明らかにテーブルだけなので、このテーブルこそ本に接触力を作用させることができる唯一の物体です。したがって、本が静止しているということだけを根拠に、テーブルが本におよぼす接触力$F^{C}_{T,B}$は、地球が本におよぼす遠隔力$F^{A}_{E,B}$の正反対の向きで、なおかつ力の大きさは等しいとわかります。

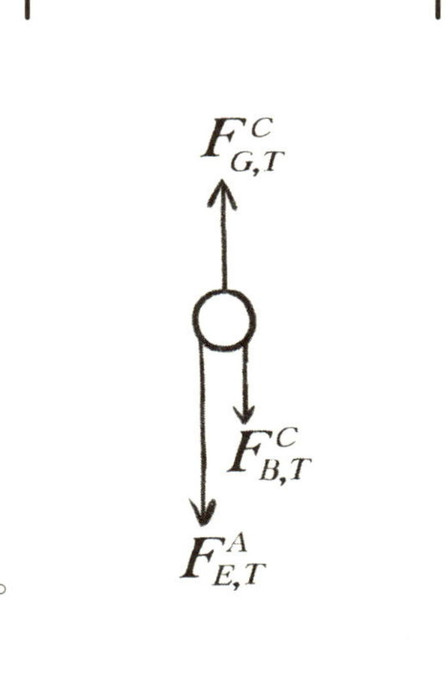

図 41

ところで、いったい接触力とはどのように作用するのでしょうか。たとえば**図 40**の場合、テーブルはいかにして本に力をおよぼすのでしょうか。面白いことに、テーブルの表面と本の表面はまるでたくさんの小さなバネでできているかのような振る舞いかたをします。押される力を跳ね返すバネです。たとえば本をテーブルの上に置くと、置かれたテーブルの中にある「本と同じ形をしたバネ」が本の重さで押し下げられ、重力が本におよぼす下向きの力とテーブルが本におよぼす上向きの力が等しく釣り合うところまでこのバネが押し下げられるのです。ただし、押し

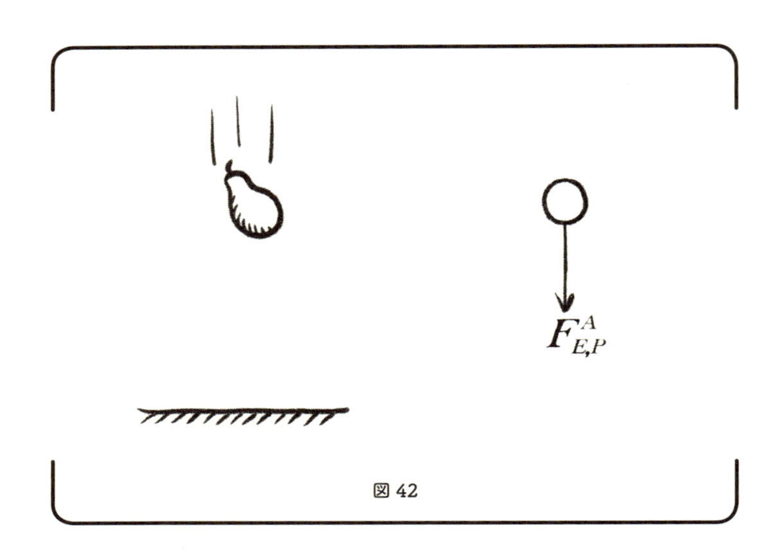

図 42

下げられたテーブルのへこみはあまりにもわずかなので普通は肉眼では見えませんが、もしこの接触力を生み出して本を支える強度がテーブルになければ、本はテーブルを壊して下に突き抜けていくでしょう。

これと同じような分析を今度はテーブルに対してやってみましょう。本の場合よりも面白いのは、テーブルに触れて力をおよぼす物体が2つもある点です。テーブルが立っている床と、テーブルの上の本です。このため、テーブルの自由物体図（**図41**）には3つの力が登場します。1つ目の$F^{A}_{E,T}$は地球がテーブルにおよぼす下向きの重力。2つ目の$F^{C}_{B,T}$は本がテーブルにおよぼす下向きの接触力。3つ目の$F^{C}_{G,T}$は床がテーブルにおよぼす上向きの接触力です。この3つの力を合計するとゼロになるはずです。なぜならテーブルは静止しており、加速していないからです。

自由物体図は、静止していない物体でも扱えます。たとえば木から落ちている途中のナシを考えてみましょう。**図42**は落下中のナシと、その自由物体図を描いています。ナシは何とも触れ合っていないので、地球がナシにおよぼす重力$F^{A}_{E,P}$がナシに作用している唯一の力です。したがって、ナシの受ける正味の力は自らの重さです。ニュートンの第2法則により、ナシは地球の中心に向かって$F^{A}_{E,P}/m$（mはナシの質量）の加速度で落ちていきます。

27

ニュートンのゆりかご

Newton's Cradle

［1687年］

「ニュートンのゆりかご（カチカチ玉）」で遊んだことがある人は多いでしょう。鋼鉄の球をいくつかぶら下げた**図43**のようなおもちゃです。球を２つだけにしたシンプルなものもあります（**図44**）。今回のわたしたちのテーマにはこちらを使うほうがわかりやすいでしょう。**図44**左では、黒い球は静止した状態でぶら下がっていますが、白い球を持ち上げてから手を離すと、振れながら落ちてゆき、黒い球にぶつかります。**図44**右は、衝突直後の２つの球を描いています。この状態では白い球が静止しており、黒い球は先ほどの白い球と完全に同じ動きをします。やがて黒い球は、最初に白い球がいたのとほぼ同じ高さまで振れ上がります。この装置は「二重振り子」と呼ばれることもあります。２つの振り子が相手の動きを真似するからです。

この２つの鋼球のぶつかり合いは**弾性衝突**というものに

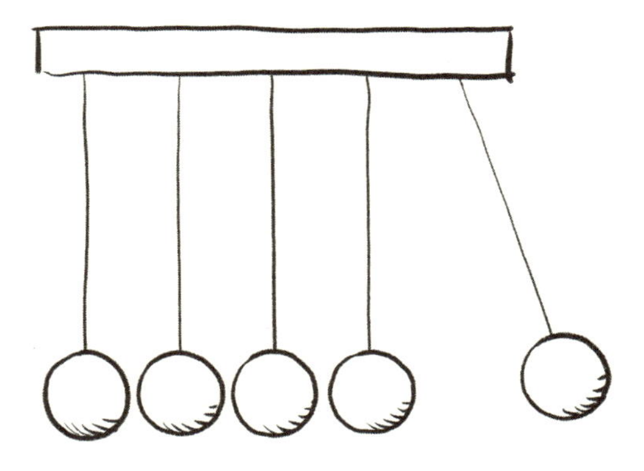

図 43

相当します。完全な弾性衝突の場合、同じ形をした2つの物体（1つは静止し、1つは動いている）が1対1でぶつかり合うと、静止していた物体が動いていた物体の動きを完全にコピーします。ビリヤードの球が2つぶつかった場合はほぼ弾性衝突です。とはいえ、衝突がいつも完全な弾性衝突になるとはかぎりません。「ほぼ」弾性衝突ですらないこともあります。ぶつかり合ったときに互いにベタッとくっつくような2つの球で振り子をつくれば、完全な**非弾**

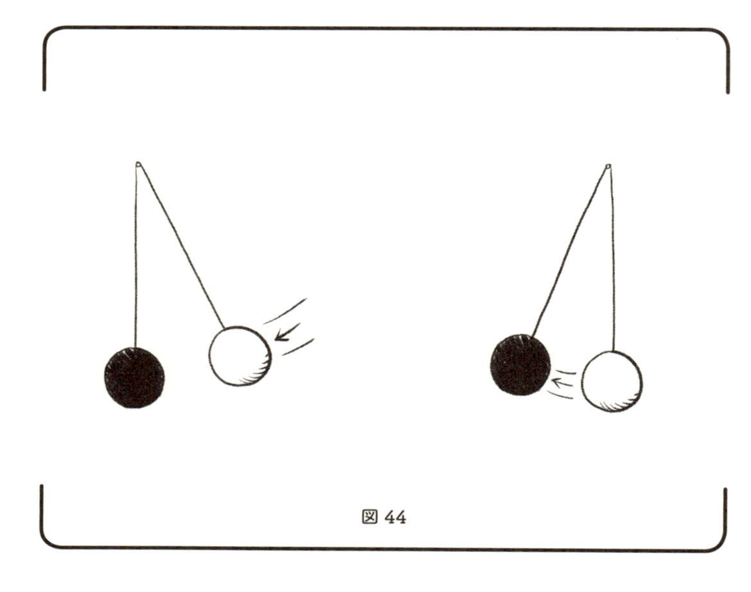

図44

性衝突を簡単につくり出せます。完全な非弾性衝突の場合、衝突後に2つの同じ形をした球は最初に動いていた球の半分の速度でお互いから離れていきます。

この2種類の衝突——要するにすべての衝突——の背後には、共通する何らかの原理はないのでしょうか。じつはニュートンがその原理を発見しています。衝突を理解しようと努めたことが結果的に、古典力学の基礎を簡潔にとらえた**運動の3法則**へとニュートンを導くことになりました。

2種類の衝突のどちらでも、最初に静止していた球の速度の増加分は、最初に動いていた球の速度の減少分に等しいことに注目してください。速度の増加および減少は専門用語で**加速**といいます。増加は正の加速、減少は負の加速ということです。したがって、２つの同じ形をした球が衝突すると、ベタッとくっつく場合もそうでない場合も、最初に静止していた球は最初に動いていた球が減速した量だけ加速します。ニュートンの第２法則に従えば、力が加速を生み出すので、片方の球に作用する力はもう一方の球に作用する力と等しく、その向きは正反対でなければなりません。

直前の記述の背後にある一般原則は、**ニュートンの第３法則**です。この法則は、運動に関するニュートンの３つの法則のうちで、おそらくもっとも理解されていないでしょう。その理由は、ラテン語の原文が最初に英語に翻訳されたとき、一見すると意味不明な文章だったからかもしれません。「すべての作用には、等しくかつ反対の反作用が必ずある」。あちこちで引用されるこの一文は、第３法則の正確な記述というよりも、何かを憶えやすくするための略文のようですね。言わんとしているのはこういうことです。すべての力は大きさが等しく向きが反対である一組の作用・反作用として発生する。したがって、物体Ａが物体Ｂに力をおよぼすときは常に、それと大きさが等しく向きが反対の力を物体Ｂが物体Ａにおよぼすのです。

図45左はぶつかり合う２つの球をもう一度描き、右にある２つの自由物体図はそれぞれの球に作用する力を示しています。左の球が右の球に接触力$F^{\mathrm{C}}_{\mathrm{L,R}}$をおよぼし、それ

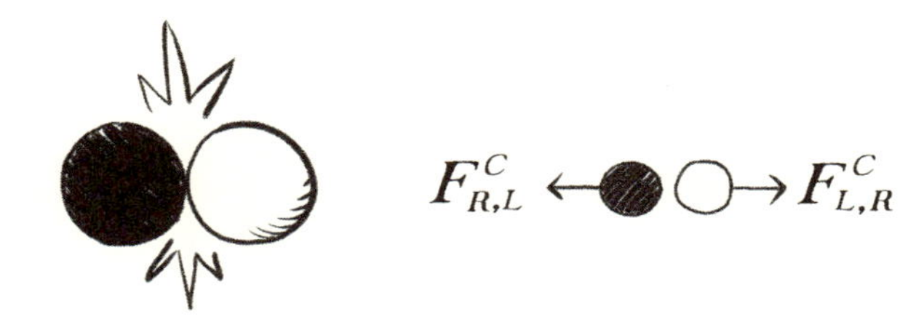

図 45

と大きさが等しく向きが反対の接触力$F^{C}_{R,L}$を右の球が左の球におよぼしていることがはっきりとわかります。この図はもう1つ大事なことを示しています。ペアで起きる作用・反作用の力は、それぞれが別の物体に働くということです。

わたしたちはこのニュートンの第3法則に毎日お世話になっています。立ち止まっている状態から歩き始めるとき、わたしたちの身体は前に向かって加速しますが、ニュートンの第2法則によれば、物体が加速するときは常に、加速する方向に向いた正味の力がその物体に働いているはずです。では、わたしたちが歩き始めたとき、いったいどのような力の働きで「歩く」という加速ができたのでしょうか。重力は力の向きが違います。わたしたちを地面の下に向けて引っ張ることはできても、地面に沿って加速させることはできません。もちろん、わたしたちは片足で地面を後方に押すことによって、この物理学上の問題を解決しているのです。そうすれば、ニュートンの第3法則により地面がその片足に力をおよぼし、その力がわたしたちの身体を前に向けて加速させるのです。当たり前ですが、この法則を知っていても知らなくても、歩き始めることはできます。わたしたちの身体はニュートンの第3法則を知っていて、それを毎日活用しているのです。

28

ニュートン力学による軌道

Newtonian Trajectories

［1687年］

ガリレオが望遠鏡を使って月に山や谷があると発見したことで、地上の世界も天空界も同じ仕組みでできていることが暗に示されました。これをいっそう動かぬものにしたのがニュートン（1643年～1727年）です。彼はガリレオの発見した放物運動を宇宙レベルにまで一般化することで、地上も天空界も同じ仕組みで動いていることを改めて確認しました。

野球のボールを真横に投げて、それが時空間の中でどのような軌跡を描いていくか想像してみましょう。ボールが地面を進む距離は経過時間の１乗（t）に正比例し、ボールが地上に向けて落ちていく距離は経過時間の２乗（t^2）に正比例します。すなわち軌跡は放物線を描きます。

しかし、地球の表面は真っ平らではありません。また、地球の重力に引っ張られる強さは地球の中心からの距離に

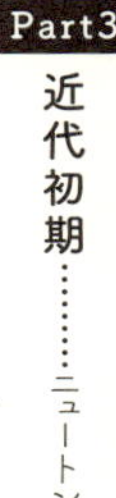

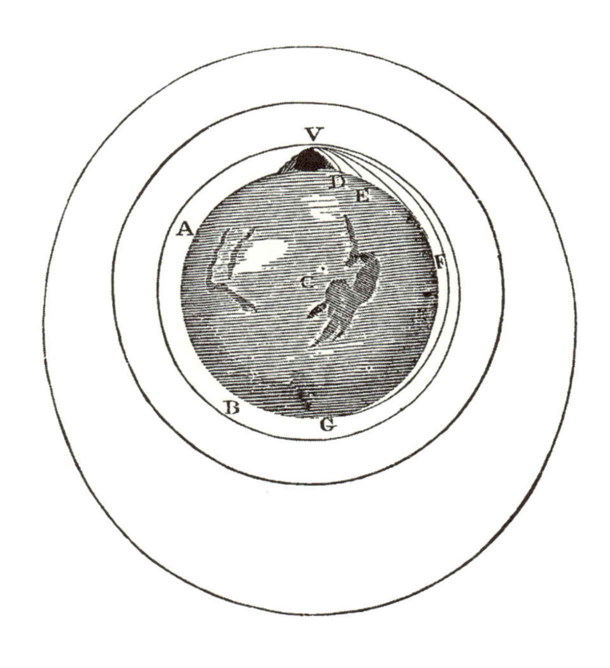

図 46

左右されます。物体は本当のところ落ちるのではなく、地球の中心に向かって進むのです。その結果として生まれる**向心**（**求心**）**加速度**は、地球の中心から遠いほど小さくなります。こうしたことは、野球ボールの軌跡を考えるときはどうでもよかったのですが、地球を1周するほど大きな軌跡を考えるときには重要になります。それを教えてくれるのが**図46**で、このニュートンの手書きの絵図は1687年の彼の代表作『プリンキピア（自然哲学の数学的諸原理）』から引用しています。

『プリンキピア』はニュートンが1664年～1666年の間に考え始めた一連の思考の集大成でした。その時期、英国じゅうの都市部でペストが大流行しており、ケンブリッジ大学は学校を閉めて学生や教授が身を守るため田舎に避難できるようにしていたのです。ニュートンは少年時代を過ごした田舎町ウールスソープにある実家に戻り、2人の夫に先立たれて未亡人となっていた母親のハンナ・スミスと暮らし始めます。彼は本棚をいくつかつくると読書と思考にふけり、それ以外のことはほとんどしようとしませんでした。ニュートンはそこで、無限に小さな量の割り算とそれを無限に足していく足し算が、いずれも有限の上限を持つような計算手法を考え出します。いまのわたしたちが**微積分**と呼ぶ手法です。

彼は重力の届く範囲についても考えを巡らせました。たわわに実った母親のリンゴの木をはるかに超えて、思いは月の軌道にまで至ります。もし月がリンゴと同じように落ちるとしたら、それはどのような動きになるのか――。彼は、月の軌道は2つの動きが合成されたものになるのではないかと考えます。1つは直線上をまっすぐ移動し続けようとする動き、もう1つは地球の中心に向かって加速する動きです。この2つの組み合わせなら、もっともシンプルな場合は円軌道になると気づいたのです。もう1つニュートンが思い悩んだのは、地球の重量によって生み出される加速度の大きさは、地球の中心からの距離dが増えるにつれてどのような割合で小さくなっていくのか、ということでした。距離の1乗の逆数（$1/d$）なのか、それとも距離の2乗の逆数（$1/d^2$）なのか——。結局、**ケプラーの第3法則**「惑星の公転周期は太陽からの平均距離の3/2乗に比例する」を手がかりに、2乗の逆数だと結論します。そして、これを月の軌道に当てはめてみたところ、1カ月で地球を1周する月の動きを実際に観測した結果と「ほとんど」一致しました。

図46に戻りましょう。ニュートンがいたのは17世紀ですから、先ほどの野球ボールの役割は大砲の砲弾が果たします。地球上で一番高い山の頂上に大砲を据え付け、砲口を水平にし、大気を消し去れば、ニュートンの描いた絵図の状態になります。弾速が比較的遅いとき、砲弾の描く軌道は放物線のように見えます。打ち出す速度が上がるにつれて砲弾の飛距離は伸び、最後には完全な円軌道を描いて地球を1周します。図の一番外側にある2つの軌道は、地球の中心を焦点の1つとする楕円軌道です。この図が言わんとするところは、放物線のように見える軌道も実際は楕円軌道の一部分だということです。野球ボールも砲弾も本来なら楕円軌道を描くはずですが、その多くの部分は地

球本体に邪魔されて実現できないだけなのです。

ニュートンはこの図でぼんやりと示したことを『プリンキピア』のなかで数学を使ってはっきり証明しています。2乗の逆数となる前述の重力の法則とニュートンの運動3法則を使った結果、地上に近い高さから発射された物体はほぼ放物線状の軌道を描き、人工衛星や月は円軌道や楕円軌道を描き、惑星や彗星は楕円や双曲線の軌道を描きました。

『プリンキピア』は重力の法則が万物に普遍的に働く（万有引力）としています。それによれば、全宇宙のすべての質点［物体の重心にその物体の全質量が凝縮したと仮想的に考えた点］はほかのすべての質点を引っ張っており、その力は2つの質量の積に比例し、2つの質点の距離の2乗に反比例します。ニュートンはこの計算式を使い、海が地球と月と太陽から受ける3重の引力を計算し、満潮の高さと時期を予測するアルゴリズムをつくり上げました。

万有引力の考え方は説得力のあるものでしたが、完全ではないこともニュートンはわかっていました。結局のところ、太陽は力を伝える仲介メカニズムの助けを借りずにどうやって地球に力をおよぼし、太陽の周囲を回る軌道に地球を捕らえ続けているのか——。ニュートンを含めた17世紀の自然哲学者にとって、自然現象を解き明かすことは、直接的な接触による物体同士の力のおよぼし合いの仕組みを明らかにすることでした。ニュートンは、何もない空間を超えて働く力が存在するという考え方を毛嫌いしていました。彼は重力のメカニズムを説明することを用心深く避けましたが、それでも結局は、物理現象を効果的かつ正確に数学で記述するための手段として、万有引力の法則を受け入れたのです。

『プリンキピア』はその初版（1687年）からニュートンの名声を高めました。初版から40年後に亡くなるまでの間、彼は『プリンキピア』の修正と追加を続け、ついには光学と数学に関する著作まで出版しました。彼は1696年にケンブリッジ大学教授を辞め、王立造幣局監事の職を受けると1700年には造幣局長官になります。ケンブリッジ選出の国会議員も務め（1701年）、王立協会理事長（1703年）にも選ばれました。1705年にはアン女王からナイトの称号を授けられました。

アイザック・ニュートン卿は1727年に亡くなりますが、その学術面の業績は現代に至るまで生き続けています。ニュートン力学がひっくり返されたことはこれまでに一度もありません。相対性理論と量子力学はニュートン力学が一定条件のもとでのみ有効だとする制限を加えただけです。しかもその一定条件とは、人間サイズの物体のみに当てはまるというきわめて重要な条件なのです。ニュートンの考え出した一連の物理体系はいまでも物理学教育の中核であり、新たな発見に意味を与える土台となっています。

29

ホイヘンスの原理

Huygens's Principle

［1690年］

オランダの外交官コンスタンティン・ホイヘンスは、息子のクリスティアーン（1629年～1695年）にも自分と同じ仕事をさせたいと考え、語学や音楽、歴史、修辞学、論理学、数学、自然哲学などの教養教育を受けさせ、さらにはフェンシングと乗馬も習わせました。しかしオランダ王室が力を失うとコンスタンティンも後ろ盾を失い、クリスティアーンは外交官としての将来を失いました。わたしたちにとっては幸運なことに、クリスティアーン・ホイヘンスが本当に興味を持っていたのは数学と自然哲学でした。彼は振り子運動の理論と衝突論を生み出し、無理数πを小数点以下何桁も計算する方法を発明し、自家製の望遠鏡で土星の輪や土星の衛星タイタン、オリオン大星雲などを発見します。しかし、もっとも有名なのは光の性質に関する彼の考察です。

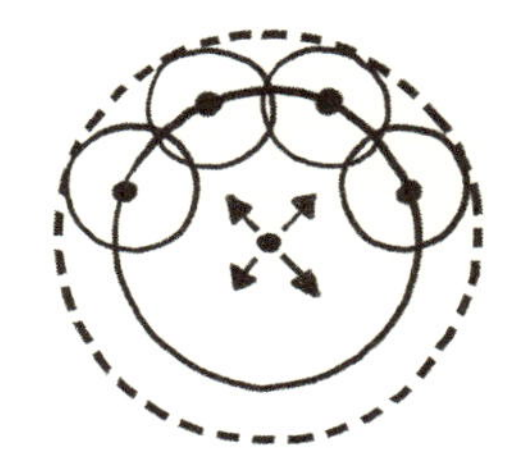

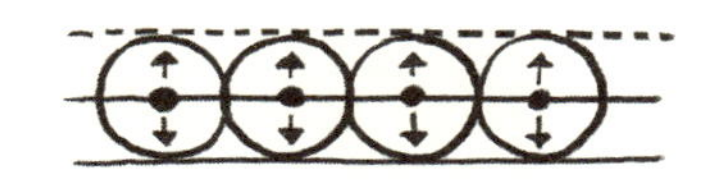

図47

光の性質は長きにわたって科学者の関心を引き付けてきました。17世紀末の時点では、次の2つ考え方が優勢でした。

① 光とは高速で流れる粒子である
② 光とはエーテルという目に見えない媒体を通して広がる揺らぎ（波）である

デカルトとニュートンはほとんど意見が合わなかったのですが、光の粒子説を支持した点では一致しました。一方でホイヘンスは揺らぎ、すなわち波動説を支持していました。

一般の人々は粒子説を好みました。何しろわたしたちは、角を曲がった先の音は聞こえても、そこを見ることはできません。このゆるぎない事実によって、音は空気を伝わる波状の揺らぎなので角を曲がって伝わってくるが、光は小さな粒子でできているので、（境界面で屈折や反射することを除けば）直進するという考え方が裏付けられるのです。ところが1660年、フランチェスコ・マリア・グリマルディ（1618年〜1693年）が、じつは光にもわずかに拡散する傾向がある（これを光の**回折**と呼びます）ことを発見します。光はピンのような小さな物体、そして光を通さない平面に開いた細い隙間（スリット）も回折［障害物の陰に回り込んで進んでいくこと］して通過するというのです。光が波だとすればまさにこのように動くでしょう。

ホイヘンスの著書『光についての論考』（1690年）は、テーマとする範囲がきわめて狭い書物です。白い光がさまざまな色からできていることにも、グリマルディの発見した光の回折にも触れていません。周期や波長といった波に関係あると一般に思われている性質についても扱いません。その代わり、このように問いかけます。もし光が粒子の流れであるなら、ほかの光と交差したときにどうしてそれぞれの粒子がぶつかり合ってバラバラに分散し、異常な見え方をするといったことが起きないのか──。このように、お互いに交差しても相手の形を変えないで伝わるのは音波の持つ性質だと彼は考えます。そうでなければ人の大勢いるにぎやかな部屋では会話ができなくなってしまいます。光とは、発生源から受け手に揺らぎや波として伝わる音のようなものに違いない、とホイヘンスは結論します。

それでも疑問は残ります。光の波を伝える媒体は何なのでしょう。空気ではありません。なぜなら空気を抜いたガラス瓶を音は通れませんが光は通れるからです。どうやら光には独自の媒体があるらしく、ホイヘンスはそれを「エーテル」と呼びました。エーテルは目に見えない物質で、透明な物体を通り抜けることができ、まとまると弾性のある流体になり、その中を揺らぎが高速で伝わるというのです。「光の波は媒体がなくても伝わる」というように考えることはできなかったのでしょうか。それはいまのわたしたちだからできる考え方であって、ホイヘンスをはじめ当時の科学者には思いもつかないことだったのです。彼らは物質主義者であり、ホイヘンスの言葉を借りれば「すべての自然現象の原因について運動メカニズムの観点から考えるという本当の哲学」に身を捧げていたのです。*33

ホイヘンスは議論の出発点としてまず、発光する物体上のすべての点が光の発生源になっていると指摘します。そして、どの方向に向かおうとも光の速さが同じであるならば、1点から発生した1つの揺らぎは妨害されないかぎりはいずれその点を中心とする球面の一部を占めるようになる、とします。では、いったいどのような仕組みによって、1つの球面状の揺らぎが、同じ点を中心とするさらに大きな別の球面状の揺らぎへと進化するのでしょうか。それに答えるのが**ホイヘンスの原理**です。それは、1つの揺らぎを伝える媒体上のすべての点が新たな揺らぎの発生源になる、というものです。

図47左を見てください。内側の円には4つの点があります。そして、それぞれがまた発生源となって球面状の揺らぎを送り出すというのがホイヘンスの説明です。この揺らぎを**二次波**と呼ぶこともあります。これら二次波のすべてに接する包絡面（図では点線の円）が、揺らぎを伝える次の新たな波面になるのです。**図47**右は、1点から発した光の伝わる様子を描いていますが、その発生源があまりに遠いため、揺らぎを伝える球面は図では平行な直線にしか見えません。二次波の包絡面も光が伝わる先にある1本の直線（点線）に見えます。*34

よく知られている光の特徴、すなわち同質の媒体を伝わるときは直進することや、入射角と反射角が等しいこと、そして屈折に関するスネルの法則などはすべてホイヘンスの原理から導けます。たとえば**図48**に描いた、空気と水の境目を通る光の波面を考えてみましょう。光は通過する物質によってその速度が影響されるとホイヘンスは考えました。密度の高い物質を通るときほど光の速度は遅くなるとしたのです。したがって、波面と次の波面との距離は水中では短くなります。ここで空気と水の境界面で生み出される二次波を想像してみましょう。同じ1つの点を中心とする同心円状の半円ながら、水中で生まれる二次波は小さ

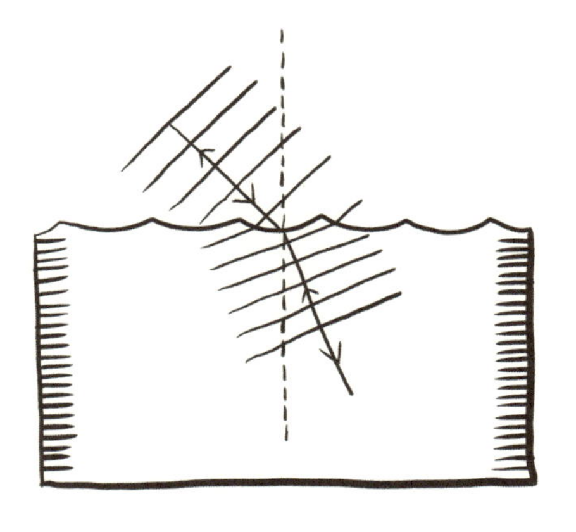

図 48

な半円、空気中で生まれる二次波は大きな半円になります。同じことですが、こんなふうに想像することもできます。波面の先端を、何列にもなって行進するマーチングバンドだと考えてみてください。歩きやすい舗装道路からデコボコの荒れ地へと進むと、舗装道路側の人々の行進速度は変わらないのに、荒れ地に入った人々の速度は遅くなります。その結果、それぞれの波面は境界面の法線に向かって傾きます。水中での光の速度が空気中での3/4だとすれば、傾きの角度はスネルの法則によって決まります。

光を粒子だとする解釈と波だとする解釈の両方が存在

する状態は18世紀を通じて19世紀初期まで続きました。19世紀半ばになると、光の速さが水中では空気中の3/4になることが確認されます。この事実を矛盾なく説明できる理論は、ホイヘンスの考え方——このときには完成された波動説へと進化していました——しかありませんでした。結局、エーテルの存在を示す直接の証拠はただの1つもないままでした。光の波が伝わるのに媒体はいらないのです。

30

ベルヌーイの定理

Bernoulli's Principle

［1733年］

ダニエル・ベルヌーイ（1700年～1782年）にとって幸運でもあり不運でもあったのは、実の父から勉強を教えられたことでした。ダニエルの父、ヨハン・ベルヌーイ（1667年～1748年）はスイスのバーゼル大学の教授で、欧州一の数学者でした。17世紀後半にニュートンとライプニッツによって微積分が発明されると、それを最初に習得した数学者の1人はヨハンであり、ヨハンの兄、ダニエルの叔父にあたるヤコブもその1人でした。数世代にわたるベルヌーイ一族の数学者たちのなかで、おそらくもっとも優秀だったのがヨハンの息子ダニエルでした。

ダニエルがどれほど早熟で幅広い才能を持っていたかといえば、21歳にして複数の教科でバーゼル大学の立派な教授になれるほどでした。自然哲学、数学、論理学、生理学のいずれでもよかったのです。しかし教授職に2回応募

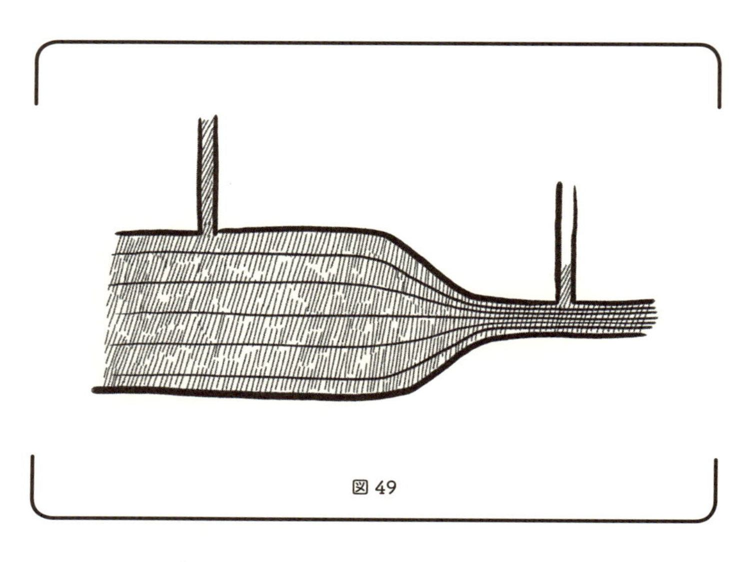

図 49

したのにいずれも採用は見送られました。ダニエルの才能が足りなかったからではなく、バーゼル大学は教授になれそうな候補者のなかからくじ引きで採用者を選んだのです。ダニエルはたんに運が悪かったのでした。

それから10年、ダニエルは国際的に確固たる評価を築き上げます。彼の名を高めたのは主にサンクトペテルブルクの帝国科学アカデミーでの仕事でした。彼は新しい手法を利用してそれまでは解けなかった問題を解くのが得意でした。しかしサンクトペテルブルクの厳しい気候に嫌気がさし、1732年にバーゼルに戻ります。ついにバーゼル大学が打診してきた教授職を受け入れたのです。ただし、解剖学と植物学の教授という、当時の彼にはほとんど興味のない分野でした。ベルヌーイは職業人生の終わり近くになってやっと、興味を抱き続けた分野の教授になれました。1743年に生理学教授、1760年には自然哲学教授になります。

図49はダニエル・ベルヌーイによる発見の1つを描いたものです。太く濃い線で描かれているのはパイプの一部分です。その中を左から右に非圧縮性流体（たとえば水）が流れています。水の流れる方向に向けてパイプの一部が細く（直径が小さく）なっているため、流体の流れるスピードは速くなります。左側の太い方から入ってくる流体が、同じ早さで右側の細い方へと流れるためです。細く描かれた線は「流線」――流体と一緒に流れる軽くて小さな物体の軌跡を描いた線です。この流線が密集してくると流体の流れはより速くなります。

レオナルド・ダ・ビンチ（1452年～1519年）はベルヌーイのはるか以前にこの現象を理解していました。ダ・ビンチは気持ちのよい午後によく小川に種を落としては、その軌跡が時空間に広がる様を観察していたのです。小川が狭まったり広がったりするのに合わせ、種の流れる速度は上がったり下がったりしたものでした。この「流体の速度」とその「通路の断面積」との間にある単純な反比例の関係はときに**連続の法則**と呼ばれ、質量保存則を意味します。

連続の法則をよくわかっていたベルヌーイは、流体の速さとそれが生み出す圧力とを関連づける第2の法則を探していました。彼はかつて医学生だったので、流体の圧力——たとえば動脈の血圧——をうまく測る方法がないという当時の問題を知っていたのです。その頃の医者はただ動脈を切断し、どれほど激しく血が噴き出すかで血圧を知るしかありませんでした。ベルヌーイはもっと無駄のない安全な方法を見つけようとしました。さまざまな太さのパイプにさまざまな速さで水を流して実験しました。パイプに穴を開け、両端の開いたガラス管をまっすぐに立ててその穴につなぎました。そのパイプに水を流すと、水はガラス管を上っていきます。このとき、流れている水の圧力は、「周囲の気圧」と「ガラス管を上った水の高さを支えるだけの圧力」とを足したものに等しくなります。

この方法はすぐさま医療の世界に広がり、血圧測定の一般的な手法になりました。それから170年間、医者は患者の血圧を知りたいときは動脈に先端をとがらせたガラス管を突き刺し、血がどれほどの高さまでガラス管を上ってくるかで判断しました。高ければそれだけ血圧も高いというわけです。以前のやり方よりはましだとはいえ、やはり痛くて危険な手法でした。いまのように器具を体内に差し込まずに血圧が測れるようになるのは1896年以降のことです。

ベルヌーイはもっと重要なことも発見しています。どのように条件を変えて実験しても、流体の動きが生み出す圧力とその流れのエネルギー密度を足し合わせた値

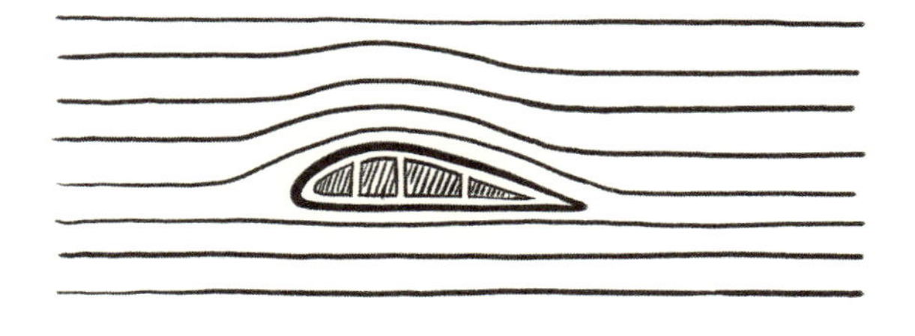

図 50

$(P+\rho V^2/2)$ は流れのどの部分でも一定になるのです。ただし、Pは流体の圧力、Vは流体の速度、ρは流体の単位体積当たりの質量（つまり密度）です。この関係をいまでは**ベルヌーイの定理**と呼んでいます。要するに、パイプを流れる非圧縮性流体がより細い部分に入って速度を上げると圧力は減るのです。

いまのわたしたちは、連続の法則とベルヌーイの定理を使って、なぜ飛行機の翼が揚力を生み出すのかを説明できます。**図 50** は飛行機の翼の断面とその周囲を流れる空気の流線を描いています。翼のすぐ下とかなり上に、まっすぐで等間隔の流線があります。これは翼に乱されていない空気の流れです。翼のすぐ上の部分ではどうしても流線が密集せざるを得ません。連続の法則により、翼のすぐ上のの空気は翼のすぐ下の空気よりも速く流れます。一方、ベルヌーイの定理により、より速く流れる翼の上部の空気が生み出す下方圧力よりも、より遅く流れる翼の下の空気が生み出す上方圧力のほうが強くなります。この結果、翼が受ける正味の圧力は上向きになり揚力が生まれるのです。

ほとんどの父親は息子がダニエルほどの実績を残したら誇りに思うでしょうが、ヨハンは違いました。息子のダニエルを競争相手と見なしたのです。1734年、パリの科学アカデミーが主催して、天体運動に関する問題の解答を求めるコンテストがありました。父と子はそれぞれ別の解答を送り、結果はダブル受賞で引き分けとなりました。2人が引き分けたのは初めてのことだったのです。ヨハンは怒りにまかせて息子を批判し、自分の解答のほうが優れていると気づかない選考委員会も非難しました。その後1743年になるとダニエルは、父のヨハンが『水力学』(1743年)という本を出版したことを知ります。その内容の多くはダニエルが10年前に出版した『流体力学』(1733年)の焼き直しで、ダニエルは盗用ではないかと疑っていました。さらに酷いことには、ヨハンは息子より先に書いたことにするため『水力学』の発行年月を1732年にするよう出版社に要求していたのです。ダニエルは決して父を許そうとせず、1748年に父が亡くなるまで2人は和解しませんでした。

静電気学

Electrostatics

［1785年］

図51が示すのは、「同じ電荷は反発し合い、異なる電荷は引き付け合う」という、よく知られた相互作用です。図ではプラス記号とマイナス記号が２種類の電荷を表します。電荷を帯びた球は**絶縁体**のひもでつり下げられていま

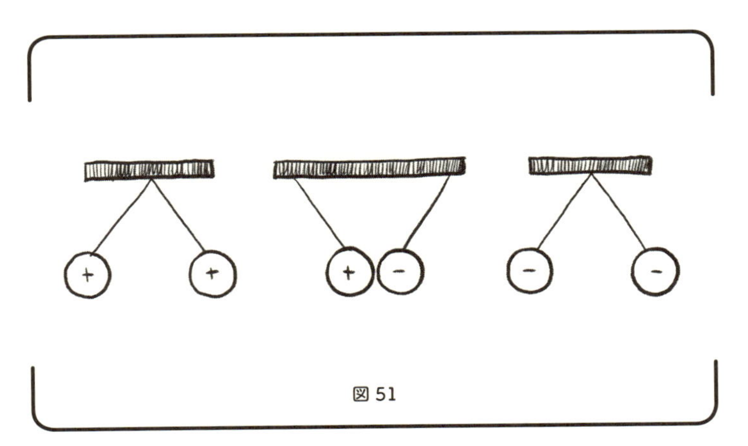

図51

す（**絶縁体**は電荷が自由に通過できない物質でできており、**導体**は電荷が自由に通過できる物質でできています）。

18世紀の自然哲学者はこの球をピス（植物の髄。茎の中などにあるスポンジ状の組織）で、ひもは絹でつくりました。どちらも優れた絶縁体です。そしてガラス棒を手でこするなどしてプラスの電荷を生み出し、そのガラス棒でピスの球を叩いて電荷を移しました。

いまのわたしたちはもっと簡単なやり方でこの相互作用を実証できます。セロハンテープを18インチ（46センチ）の長さに切り取り、一方の端を内側に折り曲げて粘着しない部分をつくり、指先でつまめるようにします。これを平らなテーブルの上にべたっと貼り付けます。そして、まったく同じものをもう1つ用意します。準備ができたら、片手で1つずつテープをつまみ、2つを同時に上に引っ張ってテーブルからはがします。すると、まったく同じ手順でできた2つのテープは同じ電荷を帯び、**図52**右のようにお互いに反発し合うのです。2つのテープに異なる電荷を与えたいときは次のようにします。まず1つのテープをテーブルに貼り付けた後、2つ目のテープを1つ目の上に重ねて貼り付けます。つまみの部分も重なるよう同じ向きで貼ります。次に、2つのテープがくっついたままの状態で一緒にテーブルからはがします。そうしてから、2重になっているテープを注意深く2つに引きはがします。すると、それぞれ異なる電荷を帯び、**図52**左のように互いに

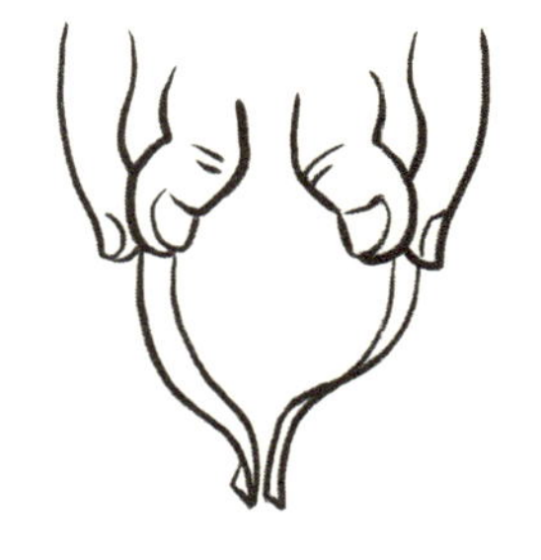
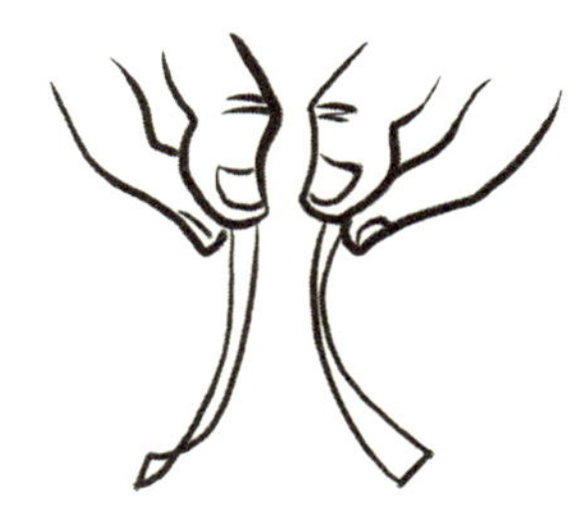

図 52

引き付け合います。

何であれ、2つの違う種類の物質（たとえばセロハンテープとテーブル）を密着させると、電荷が一方の物質からもう一方へと動きます。その方法として、こすり合わせて電荷を与える昔ながらのやり方があります。セロハンテープの粘着面を別のテープのべたつかない側に貼り付けるのも1つの方法です。

2種類の電荷を**プラス（正）とマイナス（負）**と名付けたのはベンジャミン・フランクリン（1706年～1790年）ですが、この名前でなければならない理由はとくにありません。事実、同じ電荷が反発し異なる電荷が引き付け合うという現象を最初に発見したシャルル・フランソワ・デュ・フェ（1698

年〜1739年）は、別の名前を付けました。彼はガラスをこすると生じる電荷を「**ヴィトリアス**（ガラスの語源となったラテン語より）」と名付け、琥珀をこすると生じる電荷を「**レジナス**（樹脂の化石を意味するラテン語より）」と名付けました。フランクリンの用語でいえば、ガラス電気（ヴィトリアス）はプラスで樹脂電気（レジナス）はマイナスです。

フランクリンがプラスとマイナスという名前を付けたことから、すべての物質は1種類の「電気流体」を持つという彼の持論がうかがえます。ある物体がこの電気流体を過度に持つとプラスの電荷を帯び、電気流体が足りないとマイナスの電荷を帯びるという説です。一方、同じ現象を説明するのに、独自の電荷を持つ2種類の電気流体を用いる人もいました。2種類の異なる電荷（とそれぞれの異なる粒子）があるという説の有力な証拠は、19世紀末の電子の発見と20世紀初頭の陽子の発見まで待たねばなりません。

先ほどのセロハンテープの実験を試した人は、テープがいずれの電荷を帯びた場合でも自分の指に引き付けられることに気づいたかもしれません。その理由は簡単に説明できます。通常、肌は優れた導体です。たとえばプラスの電荷を帯びたテープにあなたの指を近づけると、指の中にあるマイナスの電荷はさらにテープに近づき、プラスの電荷はテープから遠ざかるのです。こうしてあなたの手は（というよりも身体全体は）**分極**します。電荷同士は距離が近いほど引き合う力が強いため、テープがどちらの電荷を帯び

図 53

ていた場合でも、結果的にあなたの指はテープを引き付けるのです。**図 53** は、電荷を帯びていない導体の棒（横向き）がそのようにして分極し、プラスの電荷を帯びたテープ（縦向き）を引き付ける様子を描いています。

18 世紀は電気の時代の幕開けでした。同時に、啓蒙主義の時代でもありました。伝統に従うのではなく合理的に考えることでさまざまな問題が解決でき、日々の暮らしが良くなっていくはずだと老若男女が信じた時代でした。18 世紀の自然哲学者は、ただ電荷が反発したり引き付け合ったりすることを発見しただけでなく、大量の電荷を発生させる仕組みも考え出しました。派手好きな学者のなかには、小さな少年を何本もの絹のひもでつり下げてから帯電させ、もみがらや金属箔が少年に引き付けられる様子を見世物にした人もいました。フランクリンはカミナリ雲の下に凧を飛ばし、濡れた（つまりよく電気を通す）たこ糸を通して電気を集めたエピソードが有名ですが、それだけでなく、七面鳥にうまく電流を通して丸焼きにしたりもしました。またスティーヴン・グレイ（1666年～1736年）は、静電気が金属製のワイヤーをおよそ800フィート（244メートル）も伝わることを実験で示しました。いわば電報の祖先です。さらには電気ショックが病気の治療に役立つと触れ歩く人もいました。

グレイやデュ・フェ、フランクリンらの研究を完成させたのがシャルル・ド・クーロン（1736年～1806年）です。彼は地球の磁力の大きさを正確に測るため、磁針を細い糸でぶら下げて摩擦をゼロにしました。磁針の両端に作用する磁力が大きいほど磁針が回転し、糸のねじれも大きくなります。クーロンはこのやり方を応用して、2つの帯電した小球の間に働くわずかな力を測定する高感度の装置を発明しました。いまではトーションバランス（ねじり秤）と呼ばれる装置です。彼は軽くてまっすぐな棒を用意し、一方の先に小球を1つ固定すると、この棒が水平になるようバランスをとって細い糸でぶら下げました。もう1つの帯電した小球は動かないようにして最初の小球のそばに置きます。棒の先の小球に作用する力が大きいほど棒は大きく回転し、細い糸のねじれも大きくなります。回転の大きさは作用する力に正比例しました。このようにしてクーロンは、2つのわずかな電荷q_1とq_2の間に働く力Fは、2つの電荷間の距離dの2乗に反比例し、2つの電荷量（電荷の大きさ）の積に正比例することを発見しました。これを式で表すと$F \propto (q_1 q_2 / d^2)$となり、いまでは**クーロンの法則**として知られています。

確かにこの式はニュートンの発見した万有引力の法則にそっくりで、アイデア自体は以前からありました。しかし、シンプルかつ説得力のある実験でそれを実証してみせたのはクーロンが初めてでした。彼はこの**静電気力**をもたらす原因について深く考えを巡らせたりはしませんでした。むしろ、かつてニュートンがそうだったように、数式を使ってその力を正確に記述できたことに満足していました。クーロンの名前は、フランスの生んだ偉大な工学者、科学者、数学者72人の1人としてエッフェル塔に刻まれています。

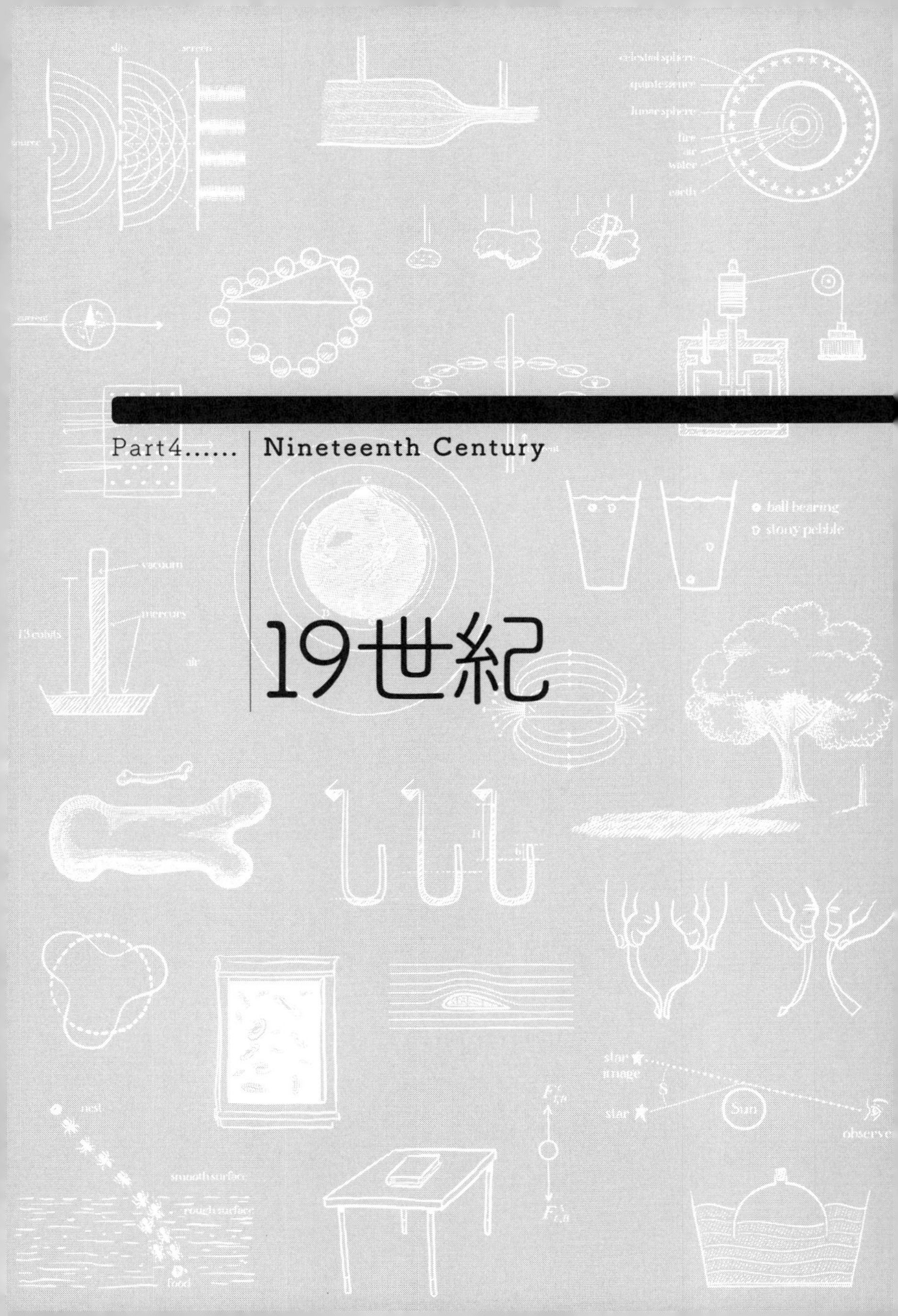

Part4…… | Nineteenth Century

19世紀

32
ヤングの2重スリット
Young's Double Slit

［1801年］

物理学の世界ではときどき、ある理論が別の理論をひっくり返してその座を奪うことがあります。1801年から1804年にかけてもそのような大逆転劇が起きました。英国の大学者トマス・ヤング（1773年～1829年）が「光は波である」とする説得力のある主張をまとめたのです。ヤングの主張の中身は、100年前にアイザック・ニュートン（1642年～1727年）が集めたデータの再解釈と自身が行ったシンプルな実験による発見です。

当時の自然哲学者はみな、光は高速で直進する粒子の集まりであるとするニュートンの仮説を信じていました。ヤングはまず、この根強い先入観を打ち砕く必要がありました。ニュートンは若い頃、光が波ではないかと考えました。しかし、彼の知る波（音波や水の波）には「障害物の向こう側に回り込むように曲がる」すなわち**回折**する傾向が

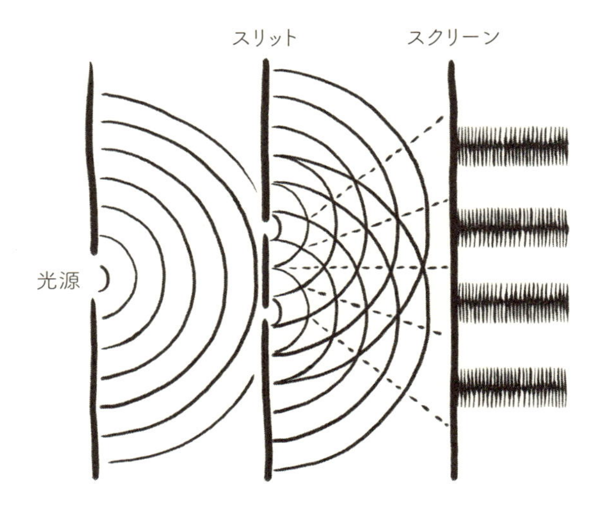

図 54

あったのに、光にはそのような傾向があるように見えませんでした。角を曲がった先の音は聞こえても、そこを見ることはできません。このためニュートンは光の粒子説に傾きました。光がどのように影をつくるかといった単純な話ではなく、より複雑な屈折などの現象を説明するために、ニュートンは光の粒子にはいくつかの種類があり、それぞれに進み方や屈折のしかたが異なるとする説を唱えました。

これが実験による裏付けのない、頭のなかだけで考えられた理屈なのは明らかです。それなのに分不相応な威光がこの説に与えられた理由は、ニュートンの考えた力学と万有引力があまりにも完璧な理論だったためです。

1世紀続いたこのニュートンの呪縛を解くため、ヤングはまず次の点を指摘しました。水の波や音が障害物を回折するとその強さは確実に減るが、じつは光もまったく同じであり、ただ減り方がはるかに大きいだけなのだと――。確かに3つの現象（水の波、音、そして光）はいずれもほぼ同じように障害物を回折しますが、その程度は異なります。**図54**はヤングの行った回折実験の1つ、**2重スリット実験**を描いたものです。彼は同じ配置で3種類の実験を行いました。1つは水の波で行い、1つは単色の光で、もう1つは多数の色を含んだ白色の光で実験しました。

3種類のなかで、背後にある物理法則が一番わかりやすいのは水の波です。ヤングは、いまなら「人工さざ波タンク」とでも呼べそうな装置を使いました。要するに、底の平らな洗面器のような容器に水を張り、波がどのように障害物を回り込み、お互いに影響し合うか、その伝わり方を観察したのです。一定時間ごとに固い物体を水に出し入れすることで波をつくり出しました。図では細い黒線が波の波頭を表しています。波の谷の部分は当然ながら波頭と波頭の間になります。1つの波が生じると、真ん中にある障壁の2つの穴（スリット）に、波頭が同時に到着するよう配置してあります。こうして真ん中のスリットの右側のエリアには、新しく2つの波が生まれます（「1つの揺らぎを伝える媒体上のすべての点が新たな揺らぎの発生源になる」というホイヘンスの原理を思い出してください）。

ここでスリットの右側のエリアに注目してください。2つの細い線が交わると、つまり2つの波頭が出合うと、重なり合って高さが2倍の波になります。一方、2つの谷が出合うとやはり重なり合って深さが2倍の谷になります。そして波頭と谷が出合うと、水面は波がないときの高さに戻ります。このようなパターンで波が互いに影響を与え合うことをヤングは**干渉**と名付けました。

2重スリット実験で光が見せた干渉パターンは、規模ははるかに小さいながらも水の波と同じ干渉パターンでした。これが光も波でできているという証拠です。具体的には、1点から生じた単色の光が不透明な壁に開いた2つの平行な穴（スリット）を回折して通ると、明暗の縞模様が生まれます。これが干渉パターンです。光は実際には**図54**の点線に沿って伝わったわけです。

さらにヤングは、光が細い糸を回折したときや、溝のある表面、または薄膜に反射したときなど、それぞれに異なる干渉パターンが生まれることを示しました。ある長たらしい講演で（話がくどいことで有名でした）彼が締めくくりに述べた言葉を紹介しましょう。「光の干渉の一般原則を、まったく異なる状況下にあるこれほど多様な事実に適用した際に示されたその正確さをもってして、この一般原則の正当性がもっとも望ましいかたちで立証されたと言っても差し支えないでありましょう」*35――。つまり、干渉は波の特徴であり、光にさまざまな干渉パターンを生じさせることができるという事実から、光は間違いなく波でできているといえるわけです。

ヤングの著作はすべて、講演録のかたちで残されているため、彼の理論を説明する図や数式はいっさい使われていません。このためヤングの理論は当初は相手にされませんでした。結局、ヤングの言葉による説明では存在をにおわせただけにおわった回折などの現象を数式化したのは、オーギュスタン・フレネル（1788年～1827年）でした。ヤングの理論は「（光を粒子とした）ニュートンの間違いを証明した」といわれることもあります。しかし、ヤングはニュートンの不朽の功績を大いに尊敬していました。

ヤングの両親はクエーカー教徒で、10人も子供がいる貧しい家庭でした。一番上に生まれたヤングは天才児で、祖父に育てられました。勉強を教えてくれた叔母は、彼が興味を抱いたことをほとんど自由にやらせました。2歳でスラスラと文章を読み、4歳までに英語の聖書を2回通読したそうです。欧州各地の言語やラテン語などの古典語だけでなく、ヘブライ語やサマリア語、カルデア語、シリア語、ペルシャ語など中近東の言葉も学びました。ラテン語で日記をつけ、フランス語の本にはフランス語で、イタリア語の本にはイタリア語で批評を書きました。あるとき筆跡を見せてほしいと頼まれ、1つの文章を14の異なる言語で書いたそうです。ヤングは医者になるための教育を受けましたが、数学や自然哲学（とりわけ光学と植物学）、そして望遠鏡の作成などの機械技術にも強い関心を持つようになります。

多くの言語に堪能だったヤングは、3種類の言葉で書かれた石碑の解読に取り組むことになります。ナポレオンのエジプト遠征に参加したフランスの軍人が1799年に発見したいわゆるロゼッタストーンです。これは古代ギリシャ語、エジプトの神聖文字（ヒエログリフ）、エジプトの民衆文字（デモティック）の3種類で同じ内容の布告が書かれていたため、エジプトのローマ時代後期の後は長らく誰も読めなかったヒエログリフを解読するカギとなりました。ヤングは、デモティックには表音文字であるアルファベットとヒエログリフの両方が混在していることに気づき、デモティックとヒエログリフという2つのエジプト文字の解読に着手します。しかし1822年にフランスの言語学者ジャン＝フランソワ・シャンポリオン（1790年～1832年）が独自にロゼッタストーンのデモティックとヒエログリフを解読すると、ヤングはその功績に惜しみない拍手を送りました。

ヤング自身も、学問に捧げた人生の果実として自分自身の碑文を手に入れました。ウェストミンスター寺院にある記念碑には、彼の功績を称えた次の文章が刻まれています。「人類の学識のほぼすべての分野に等しく卓越し、不断の努力を続ける忍耐力を持ち、直感的に理解する能力を授けられたこの人物は、もっとも難解な言葉と科学の研究に等しく精通しつつ、光の波動説を初めて証明し、また永年隠されてきたエジプト神聖文字の意味を初めて見破った」。＊36

33 エルステッドの実験

Oersted's Demonstration

［1820年］

鉄でできた家事の道具が普及するようになると、落雷によって鉄製の道具が磁気を帯びることに人々は気づき、不思議に思うようになりました。雷とはいったい何なのだろう。なぜ鉄を磁石にしてしまうのだろう――。

1つ目の疑問に答えるための実験を考え出したのがベン

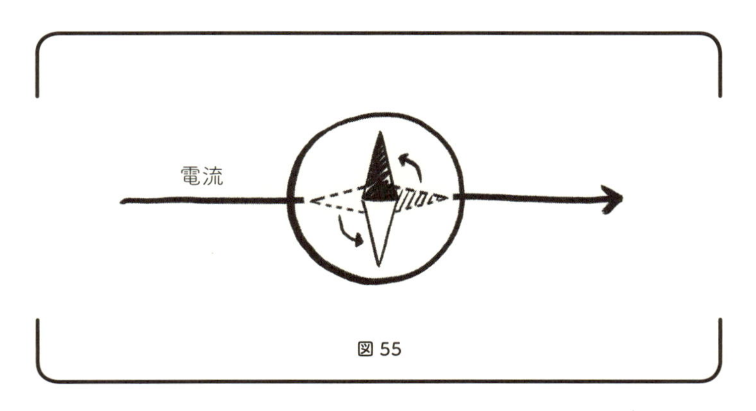

図55

ジャミン・フランクリン（1706年～1790年）です。彼は1752年に書いた手紙のなかで、その実験について詳しく説明しています。カミナリ雲の中へ凧を飛ばすという実験でした。もしそこに何らかの電荷があれば、濡れた凧糸を伝わり、糸の先に置かれたガラス瓶に電荷が貯まるはずです。このガラス瓶は金属箔を内側にも外側にも貼り付けた**ライデン瓶**と呼ばれるものです。フランクリンは、絹のハンカチを使って凧をつくる手順を説明した後、手紙の相手に次のように説明します。

「そして、雨が凧とより糸を濡らし、電気の火が自由にそこを通れるようになると、（糸の）根元につけた鍵から君のこぶしへと電気の火が大量に流れ出ることに気づくだろう。この鍵から薬瓶（ライデン瓶）が電荷を貯め、このようにして得られた電気の火が（雷の）活力に火を付けるのではないか。かくして、通常、ガラスや管をこすって発生させる電気と、この雷から得た電気は完全に同じものであることが証明されるのである」*37

この実験を見れば、わたしたちもフランクリンと同じく、雷は電荷でできていると考えるほかないでしょう。

さて、残された2つ目の疑問に答えを出し、電荷の流れと磁力の関係を明らかにしたのは、デンマーク人の科学者ハンス・クリスティアン・エルステッド（1777年～1851年）でした。それはこんな話です。1820年のある日、エルステッドは教授を務めるコペンハーゲン大学で、電荷の流れ（電流）と磁力とは何の関係もないことを学生たちに示そうとしました。彼は、南北を指すありふれた方位磁針のすぐ下に、磁針と平行になるように導線を置きました。すると驚いたことに、導線の両端をボルタ電池（電池の一種）につなぐと磁針が回転し、南北を指さなくなったのです（**図55**）。つまり彼は、自分でもそうと知らないまま、電荷の流れが磁力を生み出すことを証明してしまったのでした。今日、米国物理教育学会は素晴らしい物理の教育者を毎年１人選び、このエピソードのすべて――エルステッド、電荷を流した導線、磁針、そして実験を見つめる学生たち（全員が男性です）――が片面に描かれた「エルステッド・メダル」を授与しています。まさにエルステッドの姿こそこの賞にふさわしいといえるでしょう。なぜなら大きな科学的発見のうち、学生を前にした講義中の実験で見つかったものはおそらくエルステッドの発見だけでしょうから。

話を戻すと、エルステッドやその時代の人々がもっとも興味を引かれたのは、導線を流れた電流が磁針を回転させたことでした。というのも、導線と磁針の位置関係を考えれば、導線上の１点と磁針上の１点を結ぶ直線に沿って働く引力や斥力（反発する力）では磁針を回転させることはできないからです。しかしエルステッドの知る磁力以外の基本的な力――**ニュートンの万有引力の法則**と**クーロンの電気の法則**――はいずれも、そのように２点を結ぶ直線に沿って働く力でした。

Part4
19世紀……エルステッド

エルステッドは、導線を流れる電流がそれなりに強くなければ地球の磁力に勝つだけの磁力を生み出せないことに気づきます。そして、それだけの強さの電流を流したとき、**図56**のように導線と直交する平面上に複数の磁針を配置すると、それらの磁針は導線をぐるりと取り囲むような方向を指しました。エルステッドは述べます。

「この事実より、次のように推測することも可能だろう。すなわちこの衝突（影響力のこと）は円状に働く。そうでなければ、1本の導線のある部分が磁針の下に置かれたときは磁針を東向きに動かし、磁針の上に置かれたときは磁針を西向きに動かすことは不可能に思える。そして、正反対の場所では動きの向きも正反対になるのは円の性質でもある」*38

導線を囲むように「円状に働く」何かは、後に**磁力線**だと判明します。要するにエルステッドは、電流が磁場（磁界）をつくり出すことを証明し、それによって**電磁気学**の研究の口火を切ったのです。

エルステッドが明らかにした電気現象と磁気現象のつながりは、人間の取り組みのあらゆる側面に関わった当時のロマン主義運動の考え方に合っていたため、ロマン派の人々を大いに満足させました。彼らはあらゆる場所につながりを見出そうとしたのです。科学寄りのロマン派は、自然界のさまざまな力の正体は、すべてを含むたった1つの見えない力であり、それがいろいろ異なる見え方をしているだけではないかと想像しました。もしこの力が自然界だけでなく人間も含むのであれば、自然界がわたしたちに人間であることの意味を教えてくれるだろう。そして、そのような人間らしさがわたしたちに自然界の素晴らしさを味わい、いつくしむことを教えてくれるだろう――そう考えたのです。エルステッドならそのようなつながりの可能性を受け入れたことでしょう。ウィリアム・ワーズワースはこれをじつに美しい14行詩『序曲』（1850年）で表現しました。

大空の虹を見ると
私の心は躍る
幼い頃もそうであり
大人になったいまもそうだ
年老いてからもそうでありたい
さもなければ死を願う！
子どもは大人の父である
願わくはこれからの一日一日が
自然への畏敬の念で結ばれているように*[39]
（田部重治訳）

しかし、ロマン派的な世界観はインスピレーションだけでなく恐怖も生み出しました。メアリー・シェリーの『フランケンシュタイン』（1818年）やロバート・ルイス・ス

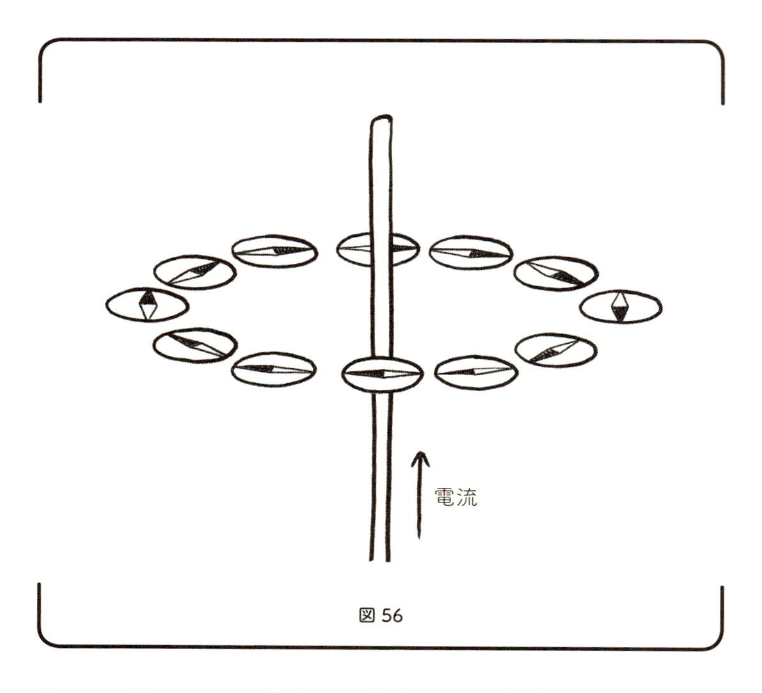

図 56

ティーヴンソンの『ジキル博士とハイド氏』(1886年)を読むだけで十分にそのことが納得できるでしょう。

時代の申し子であったエルステッドはロマン主義者であり、「自然哲学者」と名乗った科学者の最後の世代でもありました。物理学者や化学者(彼は初めてアルミニウムの分離に成功しました)としての業績のほかに、カントの形而上学についての論文を書き、詩集も1冊出版しています。エルステッドの最後の仕事は、自分の人生観をつづった『自然の中の魂』(1852年)という書物でした。

34
カルノーによるもっともシンプルな熱機関
Carnot's Simplest Heat Engine

［1836年］

19世紀の初め、蒸気が動かす熱機関（エンジン）が円盤を回してトウモロコシを挽き、布を縫い、重いモノを動かし、英国各地の炭鉱から水をくみ上げていました。19世紀も後半になると、この蒸気エンジンで発電が可能になります。生み出された電気は遠く離れた場所でも動力源として用いることができました。特筆すべきは、1824年に『火の動力、および、この動力を発生させるに適した機関についての考察』を出版したサディ・カルノー（1796年〜1832年）が、その時点ですでに熱機関の全般的な将来性と、どうしても超えられない限界とをおおまかに説明していることです。

カルノーは『火の動力』のなかで、熱機関の理論やさまざまな利用法に触れるだけでなく、その発展がもたらす軍事的、政治的、経済的な意味についても論じていま

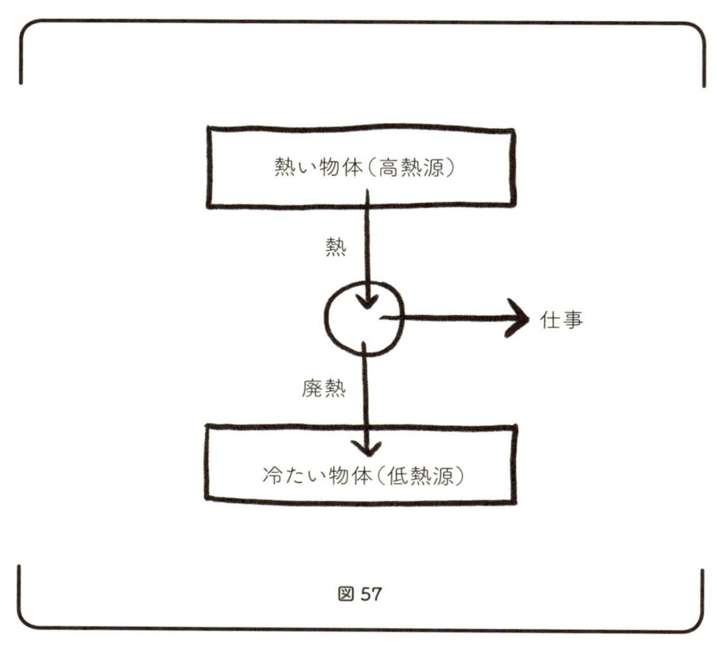

図 57

す。彼の家庭環境を考えればこれは驚くにあたりません。父親のラザールはナポレオンに仕えた有能な司令官でしたし、サディも若き日には設立間もないエコール・ポリテクニークで軍事と科学を学んでいます。サディ・カルノーにとって運命的だったのは、蒸気エンジンを生み出し、改良し、活用したのが祖国フランスではなく英国だったことです。英国がいかに蒸気エンジンを徹底的に利用したか、カルノーは次のように述べています。

「今日、英国から蒸気エンジンを奪うことは、かの国から石炭と鉄を奪うことに等しい。それは、かの国の富の源泉をすべて枯渇させ、繁栄の土台をすべて打ち壊し、かの国のとてつもない力を完全に破壊することになろう。かの国が最大の防御力だと見なしている海軍を滅ぼすより、おそらく蒸気エンジンを奪うほうが致命的である」[*40]

その「とてつもない力」によって、結局カルノーの父は祖国を追われ、カルノー自身も軍人としての将来を失いました。フランスはもっとましな未来を手に入れられるはずでしたし、蒸気エンジンの発展にもっと貢献できたはずでした――少なくとも、カルノーはそう思ったに違いありません。しかし実際には、当時の英国のエンジニアが想像すらできないほど正確な熱機関の理論を生み出すことで、カルノーは英国が蒸気エンジンで世界を牽引する役割を担う手助けをしたのです。

図57を見ると、カルノーの熱機関理論の普遍性がよくわかります。実際の蒸気エンジンに必要な炉やボイラー、ピストン、コンデンサ（凝縮装置）、煙突などはすべて省かれています。彼は頭のなかでこれらを消し去り、考えうるどのような熱機関にも絶対に欠くことのできない3つの要素とその機能だけを残しました。それは、熱を供給する「熱い物体（高熱源）」、その熱から仕事を生み出す「装置」、そして廃熱を吸収する「冷たい物体（低熱源）」の3つです。図ではこの**カルノーによるもっともシンプルな熱機関**を2つの四角形と1つの円、3つの矢印で表しています。

カルノーの『火の動力』の内容できわめて重要なのは、熱機関に仕事をさせるためには熱い物体と冷たい物体の両方が必要であると示したことです。彼はこの条件がいかに大切かよくわかっていたようです。何しろ同書の最初の数ページにおいて、連続する7段落連続で7回も繰り返しているのですから。カルノーは次のように表現しました。
「蒸気エンジン内部で運動を生み出すときには常に現れる1つの状況に注意を払わねばならない。その状況とは、熱量の釣り合いを回復すること、すなわち、いくらかでも温度の高い1つの物体から、温度の低いもう1つの物体に熱量を移すことである」[*41]

熱い物体でも冷たい物体でもどちらか一方がなくなれば、それはもはや仕事をこなせる熱機関ではありません。まったく同じことを別の言い方で表現すると「カルノーによるもっともシンプルな熱機関よりさらにシンプルな熱機関は存在しえない」となりますが、これは**熱力学の第2法則**と呼ばれる、物理学でもっとも重要な法則の1つです。

熱力学の第2法則にはよく知られた別の表現もあります。たとえば「冷たい物体の温度をさらに下げて熱い物体の温度をさらに上げるというそれだけの作用は存在しえない」。これは要するに、冷たい部屋に置かれた温かいコーヒーの温度が自然に上がることはなく、常に下がるということです。また「熱い物体の温度を下げて仕事をさせるというそれだけの作用は存在しえない」と表現されることもあります。要するに、熱機関の効率は100%にはなりえないということです。最初の表現は1850年にドイツ人の物理学者ルドルフ・クラウジウスが、2つ目の表現は1851年に英国人の物理学者ウィリアム・トムソンが考えたものです。もちろん、1824年にカルノーはこの2人より早く『火の動力』で同じことを言っていました。この3つの表現は、いずれも熱力学の第2法則を異なる言い方で表現しています。

この熱力学の第2法則ほど根本的な現象についてはあえて誰も証明したりはしません。たんにそれを当然の前提とし、そこから重要な結論を導き出します。こうして得られたいくつもの結論が正しいと実証されることで初めて、その法則は物理学の基礎としての地位を獲得していきます。カルノーは、自らの提唱した熱力学の第2法則からいくつかの重要な結論を導くことができました。たとえば、原理的には「摩擦や無駄な放熱がなく、熱い物体と冷たい物体が直接接触しておらず、無限にゆっくりと変化する熱機関がもっとも効率的な熱機関である」と証明しました。これらの特徴を併せ持つことを専門用語で**可逆性**といいます。したがってカルノーは「もっとも効率的な熱機関は可逆的に働く熱機関である」と証明したことになります。これがいわゆる**カルノーの定理**です。

カルノーがこうした結論に至るのは簡単なことではありませんでした。その理由は、『火の動力』執筆時にはエネルギー保存の法則、いまでは**熱力学の第1法則**として知られる法則に懐疑的だったからです（面白いことに、第2法則のほうが第1法則より20年以上も前に発見されているのです）。その代わりにカルノーは、熱とは「カロリック（熱素）」と呼ばれる不滅の流体であり、ある場所から別の場所に移ることはあっても、カロリックの総量が増えたり減ったりすることはないと考えました。1840年代になるとジェームス・ジュールがよりいっそう正確な実験によってカロリック説を打ち砕き、熱力学の第1法則が正しいとされるようになりました。この第1法則によれば、カロリックではなくエネルギーこそが保存されるのです。そのような視点に立てば、熱はエネルギーをある場所から別の場所に移す1つの方法にすぎません（仕事をさせるのも別の1つの方法です）。カルノーはこの大きな誤解によって視界を曇らされたのですが、それにもかかわらず、優れた才能によって重要な結論を導く真実を見つけ出し、大いに活用しました。その真実をいまでは熱力学の第2法則と呼んでいます。

35

ジュールの実験装置

Joule's Apparatus

［1847年］

　モノが熱くなったり冷めたりするのはなぜだろう――。その答えを1人の科学者が思いついたのは、18世紀に入って精度の高い温度計が広く普及したおかげでした。その科学者、アントワーヌ・ラヴォアジエ（1743年～1794年）は、モノが熱くなるのは**カロリック**（「とらえにくい流体」を意味する）が移動するからだとしました。物体のわずかなすき間からカロリックが内部に入り込み、その物体の温度を上げるというのです。カロリックは1つの物体から別の物体に移動はしますが、つくり出すことも壊すこともできない、すなわち「保存される」としました。さらに、カロリックには重さがなく、お互いに反発し合う粒子からできていると考えました。熱い物体は多くのカロリックを持ち、冷たい物体はあまりカロリックを持たない、ということになります。熱い物体から冷たい物体へとカロリックが移動すれ

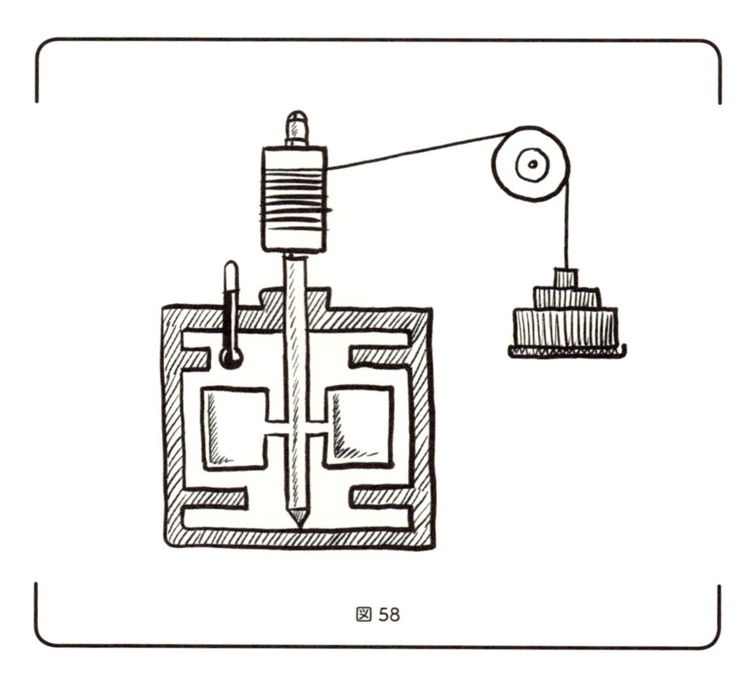
図 58

ば、2つの物体の温度は近づきます。

ある物体の温度を1度上げるために必要とされるカロリックの量は、その物体の種類と量によって決まります。このように異なる物体はそれぞれ異なる**熱容量**を持ちます。そこで、比較に便利な基準値として、ありふれた物体である水を使い、1グラムの水の温度をを摂氏1度分上げるのに必要なカロリックの量を1カロリーと定義したのです。このため、水の熱容量は定義により1グラム当たり1カロリーになります。

もしカロリックが増減せず移動するだけなら、熱容量の一覧表からあらゆる種類の現象について温度の変化を予測できるでしょう。熱いコーヒーに冷たいミルクを足したとします。コーヒーとミルクの量、そしてそれぞれの熱容量（実質的に水の熱容量と同じです）とそれぞれの最初の温度がわかれば、2つを混ぜた後の温度はカロリック保存則から導けます。初級物理学や化学実験室で行う簡単な熱量測定実験は、これと同じ原理を利用します。

しかし、カロリックという考え方が1800年の時点で広く一般に受け入れられていたわけではありません。ベンジャミン・トンプソン（1753年〜1814年）が1798年に行った、砲身に穴を開ける実験（後述）により、カロリックが保存されるという考え方は完全に否定こそされなかったものの、かなり土台が揺らいだからです。トンプソンは後に「ランフォード伯」の名で知られるようになる米国出身の人物で、頭脳明晰ながら自信過剰な人物でした。生まれたのはマサチューセッツ州ウーバンで、裕福な未亡人と結婚していたのですが、アメリカ独立戦争の時代に英国側に同調し、風向きが新国家に有利になったと見るや未亡人を捨てて英国に移住します。数年後には英国王ジョージ3世からナイトの称号を授かり、彼の後押しを受けてバイエルン選帝侯の科学・軍事顧問に就任します。しかもトンプソンはその間ずっと、英国の支援者たちのためにスパイとして活動していました。

さて、神聖ローマ帝国のランフォード伯爵となったトンプソンが、軍事顧問としてミュンヘンで大砲の砲身に穴をくり抜く作業を指揮していたときのことです。砲身が摩擦熱で熱くなるため、作業中は常に水をかけて冷ます必要がありました。なぜ冷まし続けなければならないのか――。それを詳しく調べるため、トンプソンは次のような実験を行いました。まず、筒型をした真鍮のかたまりに鈍器で穴をくり抜く装置をつくり、この装置全体を水を満たした木箱に沈めて密閉します。そして２頭の馬の力で穴開け装置を回転させます。すると水の温度は上昇を続け、２時間半後にはついに沸騰し始めたのです。そのときの様子をランフォード伯は、ロンドン王立協会への報告書（1798年）で次のように述べています。*[42]

「これほど大量の水が熱せられ、ついには火を使うことなく沸騰するのを目撃した見物人たちの驚きの表情たるや、言葉で表すのが困難なほどであった」

果たしてこれほどのカロリックはいったいどこから来たのでしょうか。真鍮のかたまりから削り取られた金属片から来たというのはありえないでしょう。なぜなら単位当たりの金属片の熱容量は真鍮本体と等しく、そこから得られるカロリックには上限があります。一方でカロリックは、出所は不明ながら無尽蔵に供給されているように見えます。ランフォード伯は次のように結論しました。

「ほとんど言うまでもないが、何であれ孤立した物体が（中略）際限なく供給できるものがあるとすれば、それはまちがっても物質的存在ではありえない。そして、この実験のなかで熱が生み出されて（水に）伝えられたのと同じように（無限に）生み出されて伝えられるものがあるとすれば、1つの例外を除いてそのようなものを考え出すのは、完全に不可能とまではいかなくとも、果てしなく難しいように思える。その例外とは『運動』である」[*43]

しかし、ランフォード伯のこの見解にはいまひとつ説得力がありませんでした。なぜなら、1）熱とは運動である、2）物質をつくるもっとも小さな構成要素の運動のなかに熱が貯め込まれている、とする彼の考え方は、実験による数値で簡単に証明できなかったからです。こうして人々はまたカロリックという考え方を利用して数値を予測するようになり、それは少なくとも熱量測定の実験においては役に立ちました。ある説の土台を揺るがすことと、きちんと証明できる新説によって旧説の座を奪うこととはまったく別の話なのです。

この中途半端な状態は1847年まで続きました。この年、英国の醸造業者でアマチュア科学者のジェームズ・プレスコット・ジュール（1818年～1889年）が行った実験により、ついにカロリック説は打ち砕かれます。常に保存されるエネルギーという概念がより包括的な量として打ち立てられ、熱量はたんなるエネルギーの一形態へと格下げされます。ジュールは1839年から実験を重ね、一定の仕事量は常に決まった量のカロリックを生み出すことを何とか証明しようとしてきました。ここでいう「仕事」とは、たとえば電流を生み出したり、何かの表面をこすったり、気体を圧縮したりとさまざまな形で行われる仕事です。ジュールはどのような種類であろうとも同じ種類の仕事であれば、一定の仕事量が決まった量のカロリックを生み出すことを発見します。当時の英国の単位で表せば、およそ780ポンドの重さを1フィート持ち上げるのに必要なエネルギーは、1ポンドの水の温度を華氏で1度分上げるのに必要とされるカロリックを生み出すことを発見したのです。しかし、カロリックが仕事量に応じて一定割合で生み出されるのだとしたら、カロリックという量は保存されることになりません。

ジュールは1847年にオックスフォードで開催された英国科学振興協会の大会の場で、**図58**に描かれたような実験装置を披露します。これは、羽根車を差し込んだ断熱性の高い容器に水を満たし、おもりの落下によってこの羽根車を回転させる装置です。回転軸に固定された羽根が容器の中の水をかき回す仕組みです。このようにしておもりの位置エネルギーは水の中でどこかに消えていきます。そしてその効果はすぐさま温度計に反映されました。ジュールはおもりが何度も繰り返し落下できるようにし、水の温度が1度の数分の1ほど上昇するまで実験を続けました。醸造業者だったジュールにとってこの程度の精密さはお手のものでした。彼はこの実験を何度でも再現できると主張しました。そしてジュールはこのシンプルな実験装置と正確な測定技術のおかげで、ランフォード伯の実験では得られなかったものを手に入れます。それは英国のエリート科学者たちの注目でした。実際、1847年の英国科学振興協会の大会でこの実験をしたとき、会場にはウィリアム・トムソンもいました。1851年にエネルギー保存則を新しい熱力学の公理とした人物です。

ジュールはその後も、仕事とそれが生み出す熱量との比率をより正確に知ろうとして計測を繰り返しました。この比率をいまでは**熱の仕事当量**といいます。彼が最後にこの比率を計測したのは1878年のことで、そのときに得られた数値772.55は、「ヨハネによる福音書」9章4節の次の一文とともに彼の墓石に刻まれています。「わたしたちは、わたしを遣わされた方のわざを、昼の間にしなければならない。夜が来る。すると、誰も働けなくなる」。

36
ファラデーの力線
Faraday's Lines of Force

［1852年］

アルバート・アインシュタインのもっとも古い記憶の1つは、父がくれた方位磁石でした。それ自体が巨大な磁石である地球が、何もない空間に見えない力をおよぼし、方位磁石の針を北向きに動かしていました。それから何年も後になってアインシュタインは方位磁石を手にしたときの気持ちを語っています。「体が震え、寒気がしました……。物事の背後には、深く隠された何かがあるに違いないと感じたのです」。*44

でも本当に磁石の周囲は「何もない空間」なのでしょうか。じつは磁石の周囲の空間には、磁石そのものに負けないほどしっかりと何かが存在している――それを指し示す証拠を初めて集めたのが、英国人で独学の化学者・物理学者であるマイケル・ファラデー（1791年～1867年）でした。彼はその「何か」を磁石の「空間（atmosphere）」とか

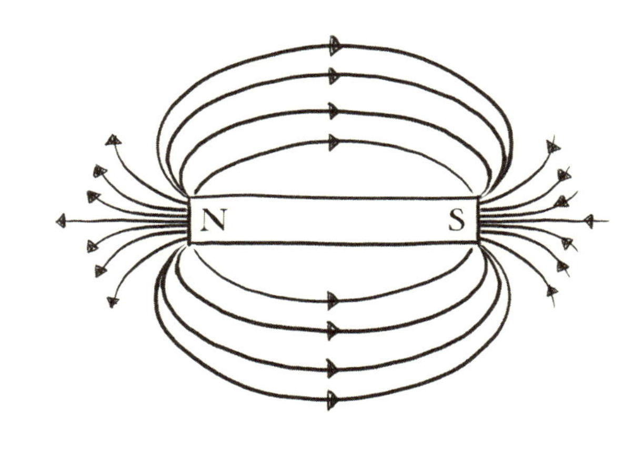

図 59

「**力線**（lines of force）」などと呼びました。いまではそれを**磁場**と呼びます。

1820年、電流を通した導線が磁針を回転させることをハンス・クリスティアン・エルステッドが発見すると、その直後からファラデーは電磁気現象に関する30年間におよぶ研究を始めました。研究結果をまとめた文章には段落ごとに連番で番号をつけ、最終的には3299番にまでなりました。およそ1100ページにもおよぶこのレポートは『電気実験』と題して3巻に分けて出版されます。この膨大な作業の最後を締めくくったのは「磁力線の物理的特徴」(1852年)と題したエッセイでした。[*45] このなかでファラデーは、**磁気の力線**(**磁力線**)が物理的に存在することはほぼ確実であると述べています。

磁力線は簡単に紙に書き写せます。大きな紙と棒磁石を用意し、紙の中央に棒磁石を置きます。そのすぐ近くに小さな方位磁針を置き、磁針の先端(北を指す側)と重なるように紙の上に点を打ちます。次に、その点に磁針の末尾(南を指す側)が重なるように磁針を移動させます。新しく磁針の先端が示す場所にまた点を打ちます。これを何度も繰り返した後、すべての点を通るようになめらかな曲線を描けば、磁力線を紙に書き写せます。伝統的に磁力線には向きを与える決まりになっています。磁力線は磁石のN極側から出発し、S極側が終点になります。このようにして磁力線を描けば、おおよそ**図59**のようなパターンになるでしょう。磁石の周囲にある磁力線の向きを知るというのは、そばに方位磁針を置いたとき針がどの方向を指すかを知るのと同じことです。

ファラデーによれば、力線には次の3つの特徴があります。

① 力線はなるべく短く縮もうとする
② 隣り合う平行な力線は、向きが同じなら反発し合う
③ 隣り合う平行な力線は、向きが反対なら引き付け合

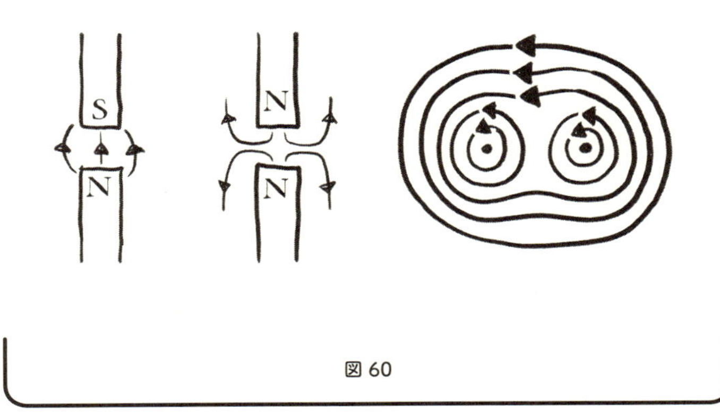

図 60

い、その結果、再結合（つなぎ替え）するかまたは1つに合体する

図60を見てください。磁石や電流を通した導線の周りにどのように力線が生まれ、どのように振る舞うかを描いています。図の一番左側では、磁力線が縮もうとするため、結果として磁石のS極とN極が互いを引き付け合うことになります。図の中央では、隣り合う平行な磁力線が同じ向きなので反発し合い、結果として2つのN極も反発し合います。図の一番右側は、2本の導線の断面図で、どちらも本のページの向こう側から電流が流れていると考えてください。2本の導線の中間部分では、隣り合う平行な力線

の向きが反対なので、互いに引き付け合い、1つに合体し、短く縮もうとし、その結果2本の導線も引き付け合うことになります。

ファラデーはなぜ離れた物体が何もない空間を超えて力をおよぼすのかについては、力線では説明できないことを理解していました。力線という考え方は、「厳密な推論に沿った演繹的結論」ではなく、どちらかといえば「臆測」に近いものであることを認めてもいました。*46 それでもファラデーの力線は大いに役立ちました。というのも、隣り合う力線同士や同じ力線の隣接する部分が直に接して互いに引き合ったり反発したりするのですから、力線の考え方に遠隔力は不要なのです。力線によってファラデーは、そしてわたしたちは、何が起きているのかを目で見て理解できるようになりました。ファラデーはおそらく歴史上でもっとも成果を上げた実験物理学者でしたが、数学の知識に乏しく、小学校レベルの代数と三角法あたりで止まっていました。磁力線に代表される「視覚化」はファラデーにとって数学の代わりを果たす役割があったのです。

ファラデーの生まれた家は貧しく、子供の頃はしばしばお腹を空かせていました。彼の家庭は英国国教会に反対するキリスト教の小さな一派に属しており、ファラデーも生涯その一派の敬虔な信者でした。学校教育を受ける機会は与えられず、製本屋に弟子入りします。そこの主人が親切な人で、しっかり勉強するようファラデーを励ましてくれました。若き日のファラデーは自然哲学分野のさまざまな公開講座に参加し、1813年、21歳のときに王立協会の雑用係の職を得ます。そしてのちにその王立協会で自分の実験をできるほどになりました。

ファラデーは1821年に電動モーターを発明し、さらに1831年から1832年にかけては電磁誘導を発見したこともあり、彼の名声は高まります。しかし、当時の学会の主流派とは複雑な関係でした。いくつもの発明や発見、人気の科学講座、社会のための公務などで広く人々の尊敬を集め、また当時の主要な科学者たちと文通で意見交換をしていたにもかかわらず、ファラデーの理論と仮説はほとんど主流派に相手にされなかったのです。ジェームズ・クラーク・マクスウェル（1831年～1879年）を除けば、教え子も弟子もいませんでした。ナイトの称号を授与される話も辞退し、王立協会の会長職も断りました。また、クリミア戦争（1853年～1856年）で使う化学兵器の開発に協力するよう英国政府に頼まれましたが、これも拒否しました。そしてファラデーは、自分の考え出した力線とその力線から生まれた電磁場という概念が広く世間に受け入れられるのを見ることなく、1867年に亡くなります。

マクスウェルはファラデーの力線を数学の言葉に翻訳して**マクスウェルの方程式**として知られる一連の数式に組み込み、結果としてファラデーの研究の正しさを証明することになりました。このマクスウェルの方程式は電磁気学の基盤となっています。電磁気学によれば、磁力線と電気力線は電荷や磁気、電流から発生しますが、発生源から分離して独立した電磁波となり、何もない空間を有限の速度で伝わることもできます。たとえば太陽から地球へ、また人工衛星から携帯電話へと電磁波は伝わります。

37

マクスウェルの電磁波

Maxwell's Electromagnetic Waves

［1865年］

ジェームズ・クラーク・マクスウェル（1831年〜1879年）はマイケル・ファラデーにあまりにも心酔していたため、自分の本の読者に対してもまずファラデーの1100ページの著作『電気実験』（1855年）を熟読するよう勧めたほどでした。もちろんマクスウェル自身もこの本の熱心な読者で、40歳年上のファラデーと文通までしていました。やがてマクスウェルは、ファラデーの最大の自信作である**磁力線と電気力線**という視覚的な概念を数学的なモデルにまで高めることによって、ファラデーに最高の敬意を示します。

ファラデーの考えた力線をマクスウェルなりに解釈してモデル化し、そのすべてを凝縮した4つの方程式が名高い**マクスウェルの方程式**です。この4つの式は、電気力線と磁力線、または**電場**と**磁場**が、その発生源である電荷と電

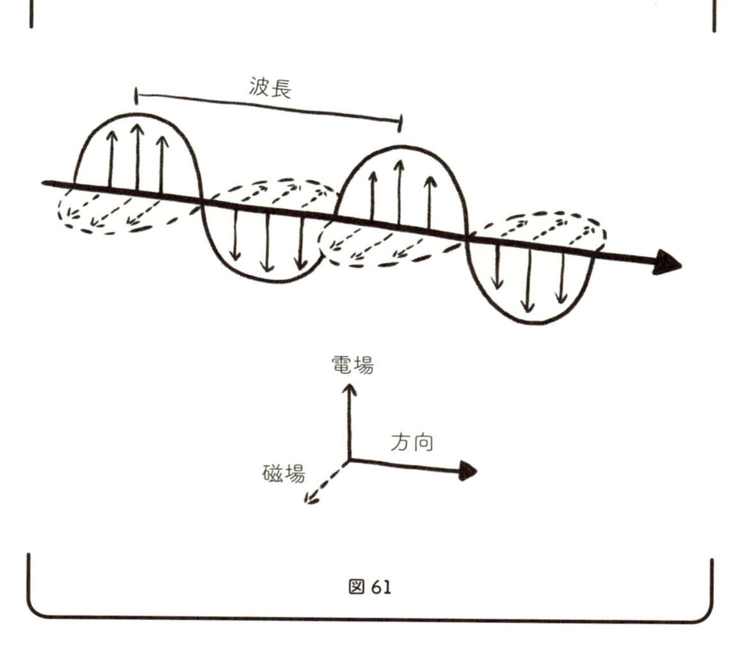

図61

流からどのようにして生まれるかを示します。ファラデーの力線理論を推し進めたマクスウェルは、かつてファラデーがそうであったように、多くの物理学者と対立しました。彼らは何とか遠隔力を使って電磁気現象を説明したいと考えていたのです。つまり、静止状態や運動状態などさまざまな状態にある電荷が他の電荷に遠隔力をおよぼすため電磁気現象が起きるのであると。しかし、マクスウェルはあからさまに「力」を無視し、「場」で説明しようとしました。

それでも１つの疑問が残されたままでした。力線、磁場、電場は、マクスウェルとファラデーが信じたように実在しているのでしょうか、それともたんに力の計算を便利にするためだけに考え出された数学上の工夫にすぎないのでしょうか——。しばらくの間、この疑問は未解決のままでした。そしてマクスウェルは４つの方程式をつくり上げる途中で、ファラデーが気づかなかったことを発見します。**ファラデーの電磁誘導の法則**（マクスウェルの４つの方程式の１つ）が示すように、磁場が強さや向き、または位置を変えると電場を生み出しますが、じつはそれだけでなく電場も強さや向き、または位置を変えると磁場を生み出すのです。この現象をマクスウェルは**アンペール・マクスウェルの法則**（これもマクスウェルの４つの方程式の１つ）に組み込みました。

こうしてこの２つの現象がセットになると、独立して伝わっていく電磁波を考えることができます。その速度は電磁気現象に固有の定数の組み合わせで決まるはずです。その速度を計算したマクスウェルは、それが光速の実測値（3.00×10^8 メートル／秒）に近いことに気づきました。しかも、電磁波は光波と同じようにエネルギーと運動量を伝えることができたのです。光は電磁波でできているのだ、とマクスウェルが結論したのも当然でしょう。こうして彼は1865年、光の新しい解釈を打ち立て、同時に電磁場が実在する物理現象であることを示したのです。その後、1886年から1887年にかけてハインリヒ・ヘルツ（1857年～1894年）は電磁波が光と同じ反応をすることを実験で示し、マクスウェルの結論が正しいことを裏付けました。

ここで**図61**を見てみましょう。交互に続く電場と磁場からなる電磁波が、太線の矢印の方向に伝わる様子を描いています。図はまるで3次元のように見えますがそれは錯覚で、本当は空間の1つの次元だけを示しています。この1次元空間のすべての点において、電磁波をつくる電場と磁場がそれぞれ振れ幅を持ち、1方向を向いています。図では振幅の大きさをそれぞれの矢印の長さが示し、電場も磁場も太い矢印の方を向いています。また、波形ごとに決まった波長があります。一般に波形が複雑なほど、それぞれ固有の振幅・向き・波長を持つ波が数多く合わさってできています。

マクスウェルはこれほど革命的な発見をしながらも、やはり電磁波が伝わるためには何らかの媒体となる物質が必要だと考えていました。当時はそれが「常識」だったのです。というのも、彼の知る波（音波、水の波、楽器の内部や表面を伝わる波）はみな物質を媒体にして伝わる波であり、マクスウェルや当時の人々が電磁波にも媒体となる物質があるはずだと考えるのは自然なことでした。当時その物質は**（光学）エーテル**と呼ばれました。とはいえ、このとらえどころのないエーテルは、これまでに一度も検出されたことがありません。しかもエーテルの性質は一貫性に欠けます。たとえばエーテルは密度が非常に薄いはずです。なぜなら惑星がエーテルの中を動いてもその抵抗力が検知できないほどなのですから。一方でエーテルは鉄のような弾性の高さを持っていなければなりません。そうでなければ光はあれほど高速で伝わることができないからです。結局19世紀も終わりに近づくにつれ、物理学者たちは、ただ電磁波の媒体となるしか存在意義のない珍妙な物質の存在を信じ続けるのをやめ、あっさりとエーテルという考え方を捨ててしまいました。

19世紀の英国では中流家庭の子女の多くがそうだったように、マクスウェルも親と家庭教師から早期教育を受けました。幼少時のマクスウェルは、何であれ動くもの、音を立てるもの、何らかの「作業」をするものに好奇心をかき立てられました。そして必ず「何でこーなるの？」と聞くか、「どーなってるかみせて」としつこくせがまずにはいられませんでした。絵の描き方を教えてくれた従兄弟のジェミマ・ブラックバーンは、後に有名な画家になりました。

当時の英国では学術論文を書くと、それを出版する学会の人々の前で著者が朗読する習慣があったのですが、マクスウェルはその朗読が許される年齢になる前からすでに科学と数学の論文を書いていました。若くして学者となった彼は1857年、土星の環の安定性に関する長年の研究によってアダムズ賞を受賞しました。また、電磁気学の発展に寄与しただけでなく、一定の温度で平衡状態にある気体の分子にどれほど速度のばらつきがあるかを数式で示す「マクスウェル分布」と呼ばれる関数を生み出したり、色覚や熱力学、統計力学の分野でも古びることのない貢献をしています。

マクスウェルは腹部のがんにより48歳で亡くなります。彼を尊敬してやまなかった友人や学者仲間は、その早すぎる死を嘆きました。その1人である子供時代からの友人ルイス・キャンベル教授は、1882年にマクスウェルの伝記を出版し、彼がいかに敬虔なキリスト教徒だったかを描きました。キャンベル教授によれば、マクスウェルは「自然を通してその先にある自然の神（自然の法）を見上げなさい」という母の願いを幼少時から深く心に刻んできたということです。

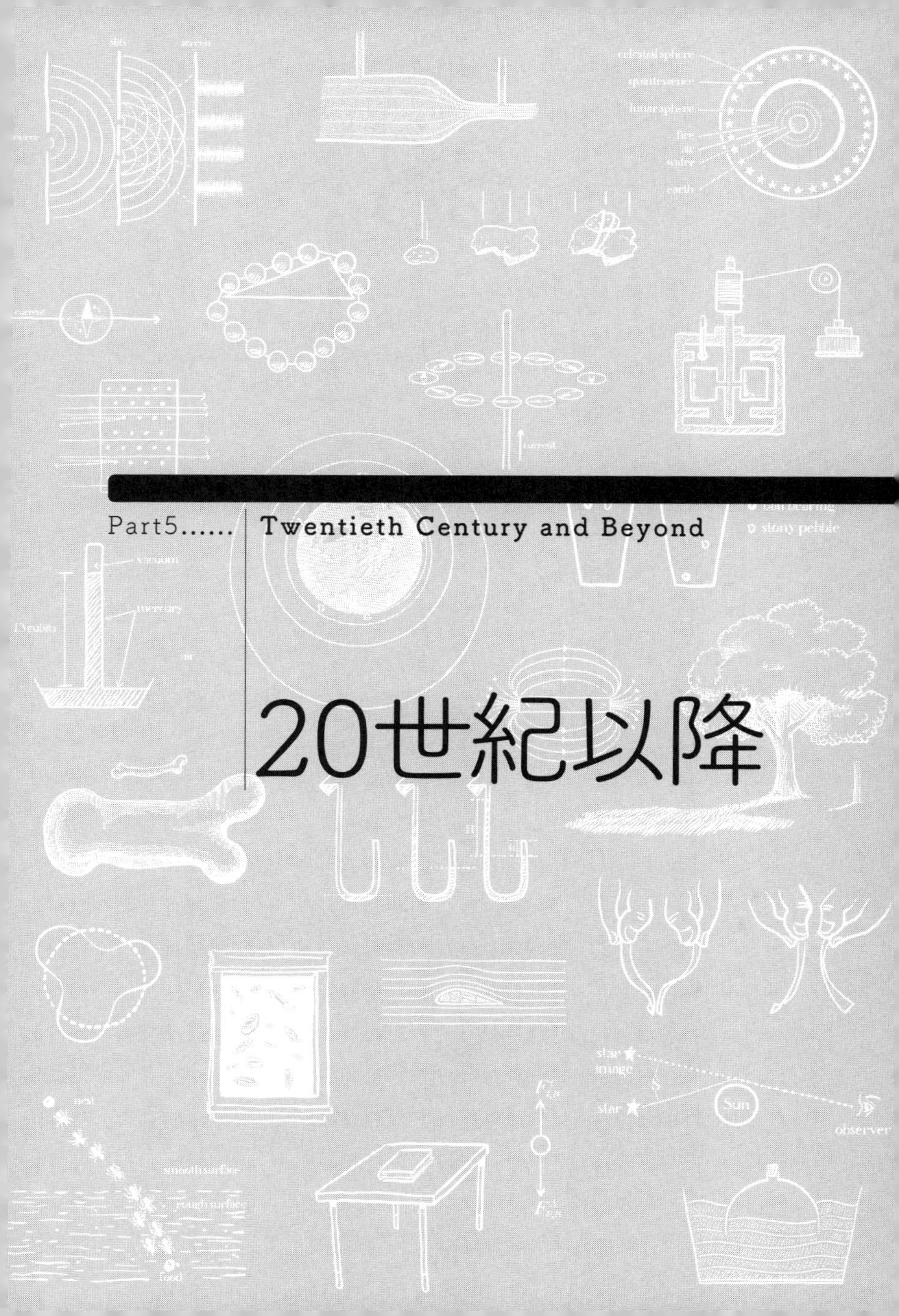

Part5...... Twentieth Century and Beyond

20世紀以降

38

光　電　効　果

Photoelectric Effect

［1905年］

図62は**光電効果**を描いています。左上方から光が物体の表面にぶつかり、物体の電子の一部を解き放ち、解放された電子が表面から右上方へ飛び出しています。1887年に光電効果が発見されると、その直後から多くの科学者がこの現象の奇妙な性質を調べ始めました。なかでももっとも不思議なのは、十分に振動数の高い（波長の短い）光だけが物体の表面から電子を飛び出させることができる点です。ちなみに飛び出した電子は**光電子**と呼ばれます。どれほどの振動数が必要なのかは表面の成分によって異なります。たとえば表面が金属なら、ほとんどの場合は紫外線と同じかそれ以上の振動数が必要です。振動数が低すぎる（光の色が赤すぎる）場合、どれほどその光を強くしても光電子は飛び出しません。1902年になると、フィリップ・レーナルト（1882年～1947年）が、飛び出した光電子の運動エ

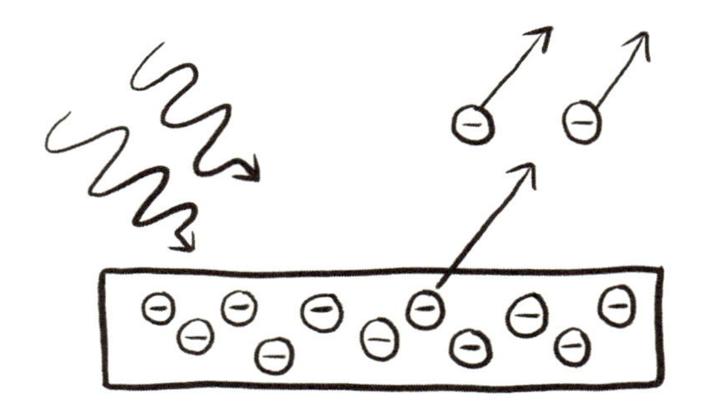

図62

ネルギーはそれを解放した光の振動数に応じて増えるのであって、光の強さとは無関係であることを発見します。

このような光の性質は波動説では説明できません。単純な波はすべて、振動数（周波数）と振幅によって性質が決まります。振動数は、波頭が特定の場所に届くまでの速さを決めます。振幅は、その2乗が波の強さと正比例します。たとえば海の波はそれぞれに固有の振動数と振幅を持っています。

かつてアーサー・ホリー・コンプトン（1892年〜1962年）は、振幅の小さい（弱い）光波が金属から電子を飛び出させるという考え方は馬鹿げていると言い切っています。彼はこんなたとえ話をしています。

「むかし、ニューヨーク港に停泊中の船の甲板から1人の水夫が海に飛び込んだ。すると大きな波が起き、港の中をさまよったあげくにやっと出口を見つけて大海に出ると、やがて大西洋を越える道を見つけ、その一部はリバプールの港へと入っていった。たまたまその港では別の水夫が自分の船の近くで泳いでいた。波がその水夫に届くと、驚くべきことに彼は甲板の上まではじき飛ばされた」*47

じつはこのたとえ話で、コンプトンは2つの比喩をまぜこぜにしています。前半の2文は、電子を金属表面にぶつけると電磁波が生まれる（第41章を参照）ことを指しているのに、後半の2文は、単独の電子が振幅の小さい電磁波を吸収する様子を述べています。

1905年、26歳のスイス特許庁審査官アルバート・アインシュタイン（1879年～1955年）が光電効果を説明する簡単な方法を思いつきます。光は波のような性質と粒子のような性質の両方を同時に持つと考えたのです。確かに、マクスウェルの波動説であれほどうまく光を説明できたのですから、光は波のような性質を持っているに違いありません。しかしアインシュタインの考えでは、光電子を生み出すときの光のエネルギーの振る舞いは、まるでぎゅっと集まって1つのかたまりになっているかのようだとして、これを**光量子**（のちに**光子**）と呼びました。光子のエネルギー$h\nu$は、光子が含まれる光波の振動数νに比例します。

比例定数hは、その実数値を初めて明らかにした物理学者マックス・プランク（1858年～1947年）の名をとって**プランク定数**と呼ばれます。光をどれだけ強くしても、それはただ光子の数を増やすだけであり、個々の光子のエネルギー（$h\nu$）は変わらないのです。

光子は（波のように偏在せず）一カ所に集中している存在で、1つの光子は1つの電子とだけ相互作用します。光電効果が起きるとき、1つの光子が持つエネルギーの一部分（W）は、1つの電子を物体の表面に縛り付けている力から解放するのに使われます。そして光子のエネルギーの残りの部分（E_K）は、解放されて飛び出す光電子の運動エネルギーを生み出します。これを記号で表せば

$$h\nu = W + E_K$$

となります。したがって、もし光子のエネルギー$h\nu$が電子1つを解き放つのに必要なエネルギーWより小さければ（すなわち$h\nu < W$なら）光電子は生まれません。アインシュタインの手元にあった実験データからも、光量子（光子）で光電効果を説明する彼の解釈が裏付けられました。

これに先立つ1900年、プランクが**黒体放射**の法則を導き出していました。これは、厚い壁に囲まれた空洞の中で発生する電磁波の振る舞いに関する公式です。プランクは、この壁が電磁波を吸収・放射するときは、量子化されたひとかたまりのエネルギー$h\nu$の単位でしか吸収・放射しないと主張しました。1905年にアインシュタインが光電効

果の仕組みを明らかにすると、科学者の関心は黒体放射と壁が相互作用する仕組みよりも、放射そのものの正体は何かという点へと移りました。

1905年にアインシュタインが発表した光電効果の論文は『光の発生と変換に関する発見法的観点について』というタイトルで、これは彼の慎重な姿勢をよく表しています。すなわち、光子は「発見法的〔経験的には有効だが、常に妥当である保証はない〕」に見つかったにすぎず、光電効果を説明するのには役立つものの、本質としては一時的な理論であり最終形ではないかもしれない、と言いたかったのです。やがてアインシュタインは、光子やその他の量子的現象が確率動力学を前提とすることを受け入れるようになります（光電子が生まれるかどうかを完全には予測できません）。しかし彼は、量子革命の要求する「物理現象の確率解釈」を決して最終形だとは認めませんでした。

プランクもまた、別の理由で光子という考え方に満足しませんでした。もし光子が認められたら「光の理論は何世紀分も後戻りしてしまうだろう」とまで言い切りました。*48 これはおそらく、光の粒子説の支持者（ニュートン派）と波動説の支持者（ホイヘンス派）が意見を戦わせていた17世紀にまで後退するという意味でしょう。ですから光は**粒子と波動の2重性**を持つという考え方にプランクが反対したのは理解できます。しかし、粒子と波動の2重性は広く受け入れられて定着しました。なかには、第二次世界大戦後に発達した**量子電磁力学**と呼ばれる現在の光の理論が、波か粒子かという問題に決着をつけて粒子に軍配を上げたと考える人もいます。それが正しければ、光の粒子は普通なら波が持つとされる物理量も一緒に持ち運ぶ、非常に変わった性質を持っているといえるでしょう。

アインシュタインによる光電効果の説明が正しいことは、1915年から1916年にかけてロバート・ミリカン（1868年〜1953年）が行った実験で裏付けられました。アインシュタインは「とりわけ光電効果の法則を発見したこと」*49により1921年度のノーベル物理学賞を（1922年に）受賞し、ミリカンもその法則を裏付けた業績などで1923年度のノーベル物理学賞を受賞しました。とはいえ、アインシュタイン本人は光子という考え方にどうしても満足できませんでした。1951年にこう書いています。「この50年間ずっと考え続けてきたが、いまだに『光量子とは何か』という問いの答えには一歩も近づけていない」*50。

39
ブラウン運動
Brownian Motion

〔1905年〕

物質を無限に細かく分けていくことはできるのか――。要するに、原子が存在するか否かというこの長年の議論に決着をつけたのは、ジャン・ペラン（1870年〜1942年）の実験と研究でした。ペランはこの問いに「原子は存在する」という答えを出したことにより、1926年度のノーベル物理学賞を受賞します。彼が行った決定実験のなかには、アインシュタインによる**ブラウン運動**の理論を裏付けた実験も含まれます。その理論では原子と分子が大きな役割を果たしていました。

ブラウン運動とは、顕微鏡レベルの小さな粒を液体に浮かべると、前後左右へ不規則にさまよい動く現象です。最初に発見されたのは1827年のことで、スコットランドの植物学者ロバート・ブラウン（1773年〜1858年）が、花粉の中にある小さな粒が水に浮かんでこのような動きをする

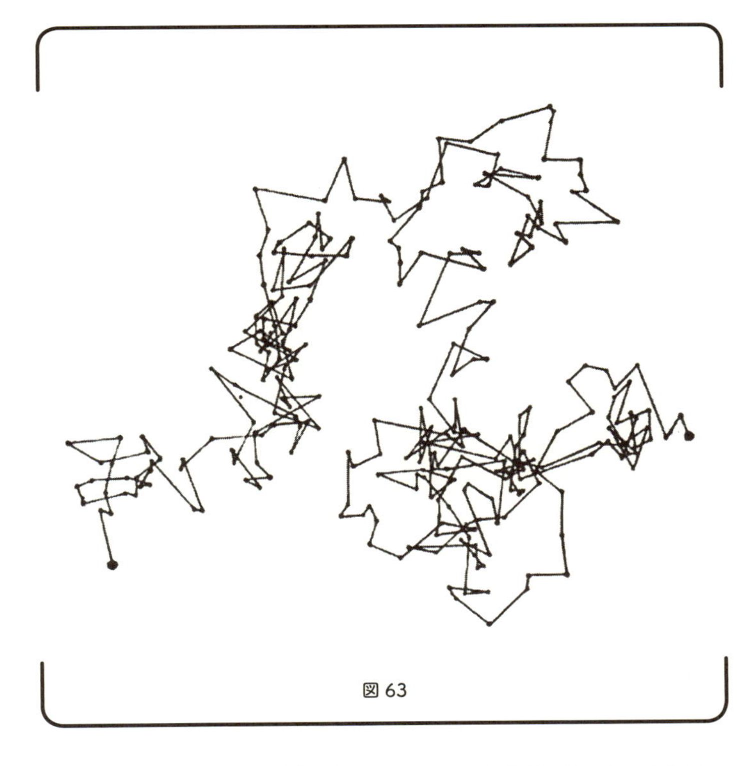

図63

のを観察しました。*51 彼は、この不規則な運動の原因が水の流れでもなければ水の蒸発によるものでもないことを示します。そして、あらゆる種類の生き物に共通する「生命の源」を見つけたと考えました。ところが、これと同じ不規則な運動は、木の化石や火山灰、粉末ガラス、花崗岩などから取った細かい粒でも見られました。さらにはエジプトのスフィンクス像のかけらから取った粒でさえも同じ運動をしたのです。ブラウンは「生命の源」という考えを諦めました。

20世紀初頭までには、後続の研究者たちがブラウン運動の原因を突き止めました。ブラウン運動をする顕微鏡レベルの微粒子（**ブラウン粒子**）に周囲の液体の分子がぶつかることでこのような動きが生まれるのです。それがわかれば、必要なのは予測結果を実験で検証するための理論だけでした。その理論は1905年にアインシュタインが提供しました。それによれば、最初はみな同じ場所にいたブラウン粒子の一団は、偏りなくすべての方向に分散します。また、ブラウン粒子の平均二乗距離（出発点からの距離の平均を2乗した値）d^2は、経過時間tに比例します。等速運動なのでt^2に比例しそうに思えるかもしれませんが。ブラウン粒子は決定論的に決められたコースをたどるのではなく、確率論的に（ランダムに）拡散するのです。

アインシュタインの理論を実証するため、ペランは**図63**のような図をいくつもつくりました。これは1つのブラウン粒子（たいがいは植物樹脂から取った粒子を使いました）の位置を一定時間ごと（通常は30秒ごと）に記録し、それを順番に直線で結んだものです。移動の距離と回数を見ると、確かにアインシュタインの理論による統計的予測と一致しました。わたしたちは顕微鏡を使ってブラウン粒子を見ることで、ふだんは目に見えない原子と分子の世界を垣間見ることができるのです。

よく勘違いする人がいますが、**図63**の1つの線分は1回の分子の衝突によるものではありません。もしペランがブラウン粒子の位置を30秒ごとに記録するのではなく、その1000倍の頻度の0.03秒ごとに記録していたら、その図はサイズを除いて**図63**とそっくりになっていたでしょう。すなわちブラウン粒子の1回ごとのわずかな動きの背後には、**図63**のようなパターンを小さくした細かいたくさんの動きが隠れているのです。ペランはそのことを理解していました。ブラウン粒子の動きのパターンは、**スケール不変**（縮尺を変えても同じ）なのです。

ブラウン運動の理論を発表した1905年、アインシュタインは特殊相対性理論を発表し、また光量子（光子）仮説も打ち出しました。その後の人生で20年間にわたり、彼は物理学の世界で量子革命に貢献し続けます。ところが最後になって彼は量子論に背を向けます。具体的には、量子現象の確率論的解釈——マックス・ボルン（1882年～1970年）が1926年に発表し、一気に普及した解釈——をアインシュタインは認めませんでした。アインシュタインの学者としての第一歩はブラウン運動を統計学的に、つまりは確率論的に説明したことでした。それなのになぜ、量子現象の確率論的な説明は受け入れなかったのでしょうか。

自然界に関するわたしたちの知識は不完全です。その不完全さを表すのに確率を利用するのはアインシュタインにとって何の問題もありませんでした。わたしたちには知らないこともありますが、完璧に無知なわけでもないし、無知を克服できないわけでもありません。アインシュタインは、確率をうまく使えば、人間の有限性から来る知識の限界と無知の程度を明確に示すことができると考えました。一方でマックス・ボルンによる量子現象の確率論的解釈によれば、原則としてわたしたちの知り得ることには根本的な限界があるというのです。アインシュタインが否定したのは、このボルンの確率の考え方でした。そうではなく、そのような限界がある理由はたんにわたしたちの理論がまだ不完全だからにすぎない、とアインシュタインは確信していました。自然界の根本原理（それをまだわたしたちは知りません）は確率論的なランダムなものではなく決定論的なはずであり、周囲から完全に切り離された現実世界の一部分に関してなら完全な知識を持つことは可能である――アインシュタインはこのような考え方を頑として変えませんでした

このように大きな意見の相違があったにもかかわらず、ボルンとアインシュタインは生涯よき友でした。「彼（神）がサイコロ遊びをしないことをわたしは何があっても確信している」――この有名な言葉はアインシュタインが1926年にボルンに宛てた手紙のなかに出てきます。*52 その何年も後、ボルンはアインシュタインについてこう述べています。

「彼は、物理学の法則の背後にある統計学的な要素を先人

たちの誰よりもはっきりと理解しているし、量子現象の荒野を苦労して切り開いた先駆者の１人でもあった。それなのに後日、彼自身の業績を土台に統計学の原理と量子論の原理の統合が登場すると、物理学者のほぼ全員がこれを受け入れられると考えたのに、彼だけは距離を置いて懐疑的な態度を貫いた。われわれの多くがこれを悲劇だと思っている。孤独なまま自らの道を手探りする彼自身にとってもこれは悲劇であり、指導者と旗手を失ったわれわれにとっても悲劇だ」*[53]

ボルンはさらに続けます。「（二人の意見の相違は）お互いの仕事と人生における経験の違いに基づいている。それでもなお、彼はわたしにとって最愛の師匠であることに変わりはない」*[54]。

40

ラザフォードの金箔実験

Rutherford's Gold Foil Experiment

［1910年］

物質世界の基本的な構成要素として、非常に小さく目に見えない原子があるという考え方は、少なくとも紀元前5世紀にはありました。想像してみてください。何かのかたまりをどこまでも細かく分けていき、ついにはもう分けることができないほど細かい物体になるところを。それこそまさに原子です。なぜなら原子（atom）とは「切り分けられない」という意味を持つからです。紀元前1世紀のローマの詩人ルクレティウスは、人間のなすことなど表面的な現象にすぎないという考えに心の平安を見出しました。結局のところ、すべては「原子とその間の空虚」にすぎないのだと――。

原子は哲学者にも心の平安を与えてくれました。なぜなら、原子の存在は1つの哲学的問題を（ある程度は）解決してくれたからです。わたしたちの目には、すべての物事が

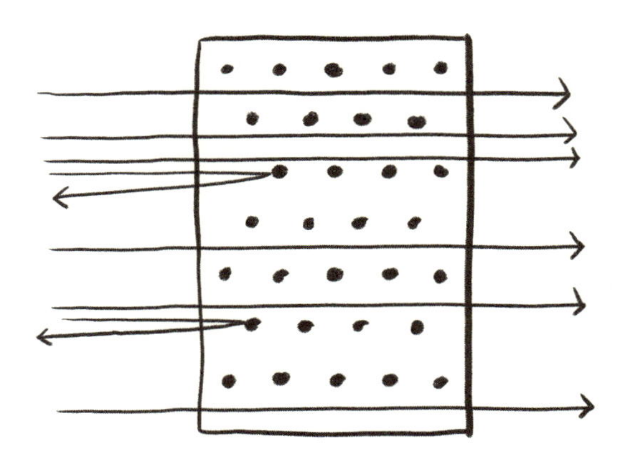

図 64

変わりゆくように映ります。しかし、変化とは相対的な概念ですから、次のような疑問を抱かずにはいられません。
「何と比較して変わったといえるのだろう」
「それ自体は変化しない基準となるものと比較しないかぎり、どうして変化の中身を知ることができようか」
「どうすれば変化と永遠の両方を説明できるだろうか」
　原子はこうした疑問に対する1つの回答になります。原子は永遠に変わらぬ存在です。変わるのは空間内の原子同士の位置関係です。

アイザック・ニュートンはルクレティウスの考えた「目に見えない原子」も、よく見える物体と同じ属性を持つと考えました。その属性とは、質量と重さ、そして衝撃を与える能力です。ダニエル・ベルヌーイ（1700年〜1782年）はこのニュートンの考え方を取り入れて、気体が容器の内壁に圧力を与える仕組みや圧力の大きさを原子を使って説明しました。これらは基本的に正しい考え方でしたが、あくまで臆測にすぎませんでした。

原子が存在する証拠を初めて実験で示して注目を集めたのは、英国の化学者ジョン・ドルトン（1766年〜1844年）です。彼が示した証拠とは、化合物が同質で分解できない物質（原子）の組み合わせでできており、それぞれをどれほどの量で組み合わせるかは化合物ごとに決まっているというものでした。ドルトンは、「原子とは目に見えない固形物である」という昔ながらのイメージを補強しつつも、そこに新しい概念を付け加えました。それは、元素ごとに原子の種類は異なり、同じ元素の原子はまったく同一である、という考え方です。ドルトンの考えた原子のモデルは、その後既知の元素の種類が増えたにもかかわらず、19世紀のほとんどの期間を通して正しいと思われていました。何しろドルトンの時代からアーネスト・ラザフォード（1871年〜1937年）の青年時代までに、既知の元素の数は2倍以上に増えたのです。そのラザフォードの言葉は、当時の人々の考え方を代表したものでしょう。「原子とは細かくて固いヤツで、色は赤でも灰色でも好きに考えていいと教えられた」*55

実際には、原子はそこまで単純ではありませんでした。何よりも重要なのは、原子はさらに細かく分けられるという意味で「原子」ですらなかったのです。19世紀後半になると、一部の原子は**放射能**を持つことが判明します。つまり手を加えない自然な状態でも、重たい粒子か電磁エネルギーか、またはその両方を放射するのです。明らかに、原子にはさらに細かい部分が存在し、一部の原子はそれを放射しているということです。当時はこの放射されたものを**アルファ線**、**ベータ線**、**ガンマ線**と呼んでいました。いまではアルファ線の正体が２つの陽子と２つの中性子が一緒になったヘリウム原子核であり、ベータ線は電子、ガンマ線はきわめて波長が短くそれゆえきわめて高エネルギーの電磁波だとわかっています。放射能を持つ原子は、こうしたさまざまな「線」を何らかの方法で内部に持っているはずです。

ベータ線が電子であることを発見したジョン・ジョセフ・トムソン（1856年～1940年）は1904年、すべての原子は複数の電子を持つとする、説得力のある説を唱えました。原子にはプラスの電荷を帯びた球面状の流体のエリアがあり、電子はそのエリア内に存在することで大半の原子を電荷的に中立にしているのだとトムソンは想定したのです。このような原子の構造は、２つの材料を合わせた当時の料理から「プラムプディング・モデル」または「ブドウパン・モデル」として知られるようになります。「プラム」や「ブドウ」が電子で、「プディング」や「パン」が電子を取り囲み電気的に中和させる、正の電荷を帯びた流体ということです。

このトムソンのモデルはほどなくして否定されることになりました。1910年にアーネスト・ラザフォードと同僚のハンス・ガイガー、学生のアーネスト・マースデンが、自然な状態で放射能を出すラジウムの標本から生まれたアルファ粒子（ヘリウム原子核）を薄い金箔にぶつけてみたのです。ラザフォードはある日ガイガーから、金箔がアルファ粒子の進路を大きく曲げて発射元のほうへ跳ね返すことがあると報告を受けました。

アルファ粒子は電子の8000倍もの重さなので、金原子が持つ電子が直進するアルファ粒子の進路を曲げるとしても、転がるボウリングの球をハエが曲げられる程度にしか曲げられません。また、金原子1つの質量全体でアルファ粒子を曲げるとしても、その原子が当時信じられていた「ブドウパン・モデル」のように球面内に均等に質量が分散していたなら、やはりアルファ粒子を曲げることはできません。唯一、もし金原子の質量のほとんどが実質的に点状である中心部（**原子核**）に集中しているならば、そこに真っ直ぐにぶつかってきたアルファ粒子を発射元の方向に跳ね返すことができるでしょう。ラザフォードはこれらすべてを理解し、ガイガーとマースデンの実験結果が示す本当の意味も解明しました。数年後に彼は述べています。「それは私の人生に起きたことのなかでも、まさに一番信じられない出来事でした。まるでティッシュペーパーに向けて15インチ砲弾を打ち込んだら自分に跳ね返ってきたかのような驚きでした」*[56]。

図64はラザフォードとガイガー、マースデンによる実験の要点を描いたものです。左側からいくつかのアルファ粒子が金箔に向かって飛んできます。金箔にずらりと並んだ点は金の原子核です。実際の実験で使われた金箔は、左端から右端までの間に金原子を4000個ほど含む程度の厚さでした。ほとんどのアルファ粒子は進路を変えることなくこの金箔を通過しますが、元の方向へと跳ね返されるアルファ粒子もいくつかあります。

図65を見てください。金の原子によって散乱するアルファ粒子の軌道は、太陽に近づき、通過して回り込み、ま

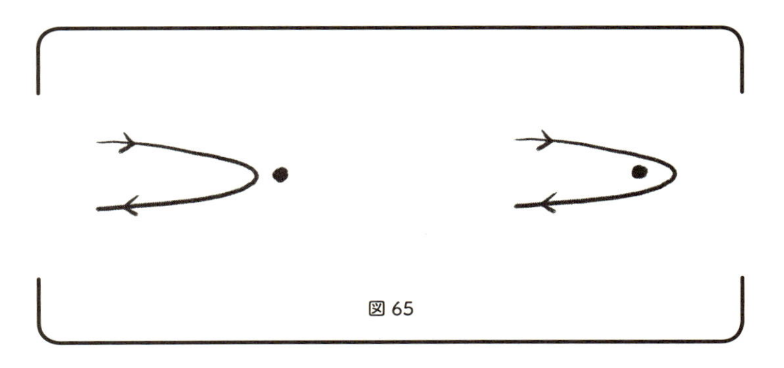

図65

た太陽から遠ざかっていく彗星とまったく同じ構造です（図の左側がアルファ粒子と金原子、右側が彗星と太陽です）。このような軌道を描く動きはニュートンの時代から知られていました。ラザフォードは自分の実験結果にニュートン力学の数式を当てはめるだけで、アルファ粒子の散乱の様子を数値化できたのです。

ラザフォードの金箔実験により、原子は1つの小さな原子核と、その原子核に付き添いつつはるかに大きな軌道で周囲を回る電子からできていることが明らかになりました。普通の原子の大きさをその原子核と比べると、地球とバレーボールくらいの比率になります。どうやらルクレティウスの言う「空虚」は、この世界を構成する原子の外側だけでなく、内側にもあるようです。

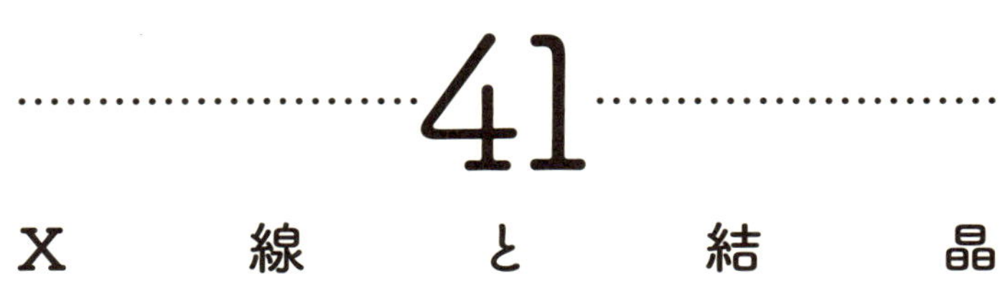

X線と結晶

X-rays and Crystals

［1912年］

1895年11月8日、ヴィルヘルム・コンラート・レントゲン（1845年〜1923年）が真空にしたガラス管の中で電子のビームをつくる実験をしていると、何か「線のようなもの」がガラス管の外へと漏れ伝わっていることにたまたま気づきました。いろいろ調べてみると、この「線」はどうやらまっすぐに進み、蛍光物質を光らせ、写真乾板を感光させるようなのです。肉を通過できるのに骨を通ることはできないため、レントゲンはこれを利用して妻の手の骨を撮影しました。そしてこれを**X線**と名付けました。

レントゲンのX線は新しい写真撮影法として歓迎され、すぐに広まりました。ニューヨークタイムズ紙は1896年初頭の紙面でレントゲンの発見を詳しく伝えています。この年、X線に関する学術論文と一般向け記事は合わせて1000本を超え、X線についての本と小冊子は50冊以上

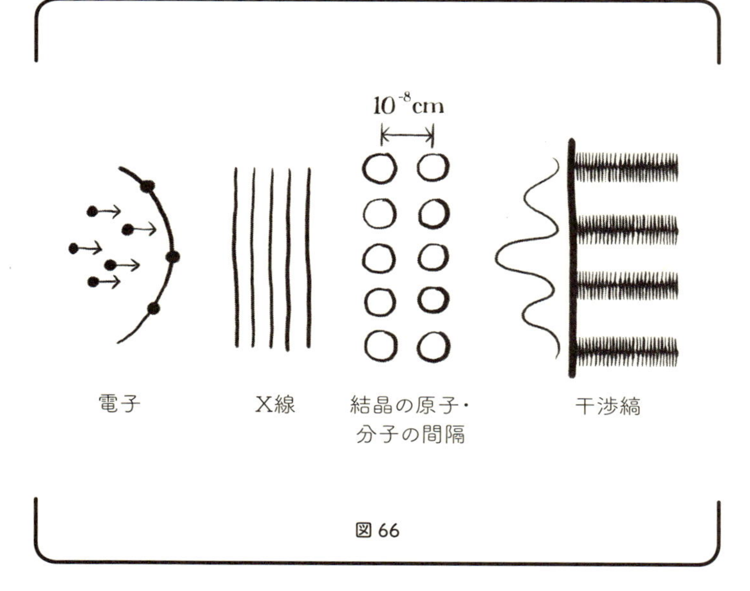

図66

出版されました。レントゲン本人は「こうした記事は私の仕事をきちんと伝えていない」*[57]として世間の大騒ぎに不満でしたが、その騒ぎとは別に彼はもう1つの競争に火をつけていたのです。この年の春、若きアーネスト・ラザフォードは婚約者に宛てた手紙でこう書いています。「いまやヨーロッパじゅうの教授たちが（X線の正体を最初に暴こうと）殺気立っている」*[58]。

その正体はなかなか明らかになりませんでしたが、1912年までには積み上がった数々の証拠から、どうやらX線は非常に周波数の高い、波長の短い電磁波であることがわかりました。**図66**の左半分はその仕組みを描いたものです。高速に加速された電子が真空のガラス管の端に衝突し、その衝突によって波長の短い電磁波（つまりX線）が生まれ、電子の持っていたエネルギーと運動量をガラス管を超えて伝えるというわけです。しかし、すべての人がこの説明を信じたわけではありません。X線は粒子だと信じ続けた人もいました。

そして、アルバート・アインシュタインと同世代で友人だったマックス・フォン・ラウエ（1879年〜1960年）が考えた実験（**図66**の右半分）により、X線は波であることが裏付けられます。ラウエは1912年の初め、指導中の学生から研究についての説明を受けていました。波長の長い電磁波が結晶の原子や分子に与える作用についての研究でした。ラウエは説明を聞きながら「ではX線を結晶に当てたらどうなるだろう」と興味を持ったのです。

一般的な結晶だと原子や分子の並ぶ間隔は10^{-8}cmであり、10^{-9}cmと推定されるX線の波長よりわずかに長いだけです。このためX線が結晶を通過すると、波が重なり合ったり打ち消し合ったりして**干渉縞**が生まれるはずです。そしてこの干渉縞は、可視光線が**回折格子**（**グレーティング**）と呼ばれる規則的に並んだスリットを通った後にできる干渉縞と似ているに違いありません。どちらの干渉縞も回折と呼ばれる波の特徴であり、直線的な伝わり方をしていないことを示します。

X線の干渉縞は、形こそ可視光線の干渉縞を小さくしただけに見えますが、物理的にはまったく異なります。X線は、結晶を構成する原子（または分子）の荷電した粒子を振動させることで結晶を通過するのです。X線を受けた原子が新しい波を放射し、その波が同じ反応を次の原子に引き起こし、次々と原子を伝わってついには結晶の一番反対側にある最後の原子にまで伝わると、最後の原子は規則正しく1列に並んだ無線ビーコンのようなものを放射します。一方で可視光線の場合は回折格子のスリットを何の妨害も受けずに通過し、スリットの周りにある物質には吸収されたり反射したりします。

フォン・ラウエは同僚のパウル・フリードリッヒとヴァルター・クニッピングを説得して、一緒に実験を行いました。実験道具と材料を手に入れた後の初めての実験で、彼らは見事にX線の干渉縞を写真乾板に焼き付けました（**図67**）。真ん中にある大きな1つの黒丸を取り囲むようにいくつかの黒い斑点が見えますが、その1つ1つが回折したX線の重なり合った干渉の結果です。真ん中の大きな黒丸は最初のX線がそのまま残った部分です。この写真が好意的な注目を集めたおかげで、より精緻な実験を繰り返すための資金を集めることができ、結果としてフォン・ラウエの詳細な研究を完全に裏付けることができました。フォン・ラウエとフリードリッヒ、クニッピングは最初の実験結果を1912年6月に発表しました。

図 67

フォン・ラウエの着眼点は抜群に冴えており、その実証も完璧でした。1つの考え方にとらわれて何年もそれを追究するのではなく、「結果として成功への最短距離となるやり方にいきなり気づいたのです」*59（フォン・ラウエ）。ノーベル委員会は「結晶によるX線の回折を発見」*60した功績により1914年度の物理学賞を彼に授けました。員外講師（固定給のない若手教員職）からノーベル賞受賞者となるまで3年かからずに駆け上がったことになります。

フォン・ラウエは長生きし、ナチズムおよび第二次世界大戦の試練にさらされました。そのとき彼はユダヤ人迫害政策を公然と非難し、「ドイツ物理学」（たとえばアインシュタインがユダヤ人だからという理由で相対性理論を認めない科学）の推進に反対しました。戦時中もドイツに残って声高にナチスを批判し、裏ではこっそりと学者仲間のユダヤ人が国外逃亡する手助けをしました。戦後はドイツの科学組織や制度の再建に手を貸します。そして1960年のある日、車で出勤途中にオートバイと衝突して車ごと転倒する事故を起こしました。事故から数日後に亡くなるのですが、その間に次のような墓碑銘を自分で考えたそうです。「神の慈悲を信じたままここに死す」。

42
ボーアの水素原子モデル
Bohr's Hydrogen Atom

［1913年］

ニールス・ボーア（1885年〜1962年）は物理学者として有名になる前、サッカー選手としてデンマークでは知られた存在でした。ボーアの社会的イメージをスポーツの英雄からノーベル賞学者へと変身させるのに決定的役割を果たしたのは、博士課程終了後に原子物理学を学んだ英国での1年間（1911年〜1912年）でした。最初はケンブリッジ大学でジョン・ジョセフ・トムソンのもとに学び、次にマンチェスター大学でアーネスト・ラザフォードのもとに学びました。ここで思い出してほしいのは、その少し前にマックス・プランク（1900年）とアルバート・アインシュタイン（1905年）によって、古典物理学だけでは原子を理解できないという証拠が示されていたことです。

ボーアは、あらゆる原子のなかでもっとも単純な水素原子の仕組みを解明するという課題を自らに課しました。し

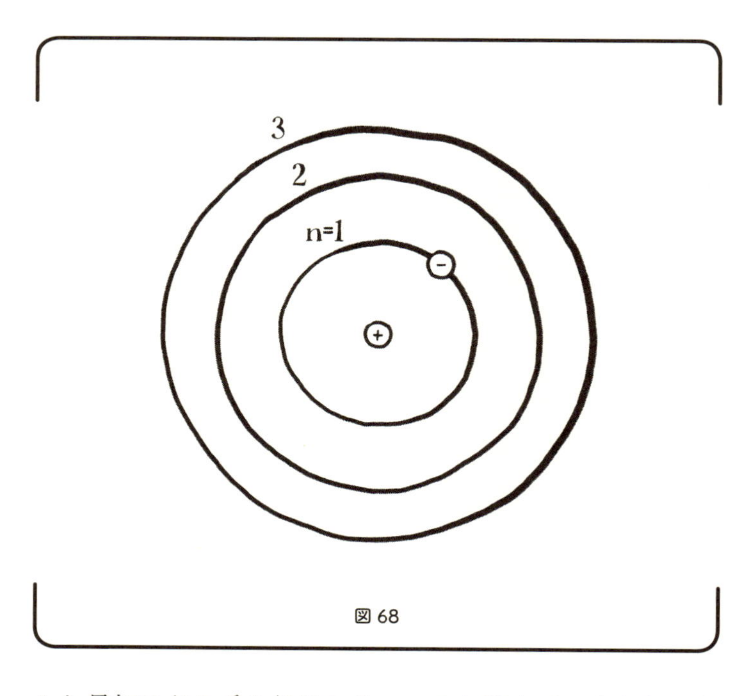

図 68

かし最初はどう手を付けたらいいのか悩んでいました。というのも、そのときにはすでにラザフォードの金箔実験により、どうやら原子の質量のほとんどは、プラスの電荷を持つ非常に小さな原子核に集まっているらしいことがわかっていたのです。そして、電気の力も重力も似たような仕組みであるため、惑星が太陽の周りを回るのと同じように、水素原子の電子も原子核にある陽子の周りを円または楕円軌道を描いて回っているのだろうとボーアやその他の人々が考えるのは自然なことでした。ところが、原子を惑星になぞらえたこの見方には単純かつ致命的な問題点がありました。古典物理学では、無線アンテナの中を行ったり来たりする電子が電磁波を放射するのと同じ理由で、原子核の周りを回る電子も電磁波を放射すると考えます。どちらの電子も加速運動しているためエネルギーを放射するのです。この結果、原子核の周りを回る電子は徐々にエネルギーを失い、原子核に向かってらせん状に落ちていくはずです。こうしてこの原子はあっという間に崩壊するでしょう。

しかし現実には安定的な原子が存在しています。ほかにも1912年の時点で原子についてわかっている事実はいくつかありました。たとえば水素原子の直径は10^{-8}cmだということは科学者はみな知っていました。さらに、異なる元素の原子がそれぞれ吸収・放出できる光（電磁波）の周波数と波長は詳細にわかっており、原理は不明ながら簡単な方程式によって何とかこの相互作用の計算もできていました。したがって、どんな形であれ、きちんとした水素原子のモデルを組み立てるには、すでに根付いていたこれらの事実と一貫性を持たせる必要があったのです。

原子の仕組みを考えるにあたってのボーアの方針は、古典物理学による水素原子モデルをなるべくいかしたまま、最小限の修正だけで原子の安定性および光波との相互作用を説明できるモデルにすることでした。彼は次のような説によってこの方針を実現しました。すなわち、電子は飛び飛びに存在するいくつかの特別な軌道だけを回っており、その軌道を回っているときは電磁波を放射しないが、この点を除けば水素原子は古典物理学に従っているとしたのです。そして電子がこの特別な軌道を回っている状態を**定常状態**と呼びました。ボーアのこの説には何の根拠もなかったのですが、それでも見事にすべてを説明できました。

もちろんボーアはこのモデルを数字で説明するため、具体的にどのような条件で電子の軌道が定常状態になるのかを明らかにする必要がありました。それをボーアは、電子の角運動量――電子の軌道半径と質量と速度の積――がプランク定数の整数倍であるときに定常状態になるとしました。プランク定数は、マックス・プランクが黒体放射を研究して発見した基本的な定数です。

この前提に従うとどうなるかを理解するため、**図68**のように定常状態の軌道に1から順に番号をふっていきましょう（$n=1,2,3...$）。そうすると、たとえば1番の軌道、すなわちもっとも安定した1番内側にある軌道を回る電子のエネルギーと半径はそれぞれE_1とr_1になります。これを一般化すれば、定常状態にある電子のエネルギーE_nとその原子核からの距離r_nは、番号nが増えるにつれて増えていきます。**図68**には水素原子の電子がとる定常状態の軌道のうちもっとも内側の3つだけが描かれていますが、さらに外側にある軌道をとることもできます。そのような軌道はさらに大きな円で、不均等な間隔をおいて同心円状

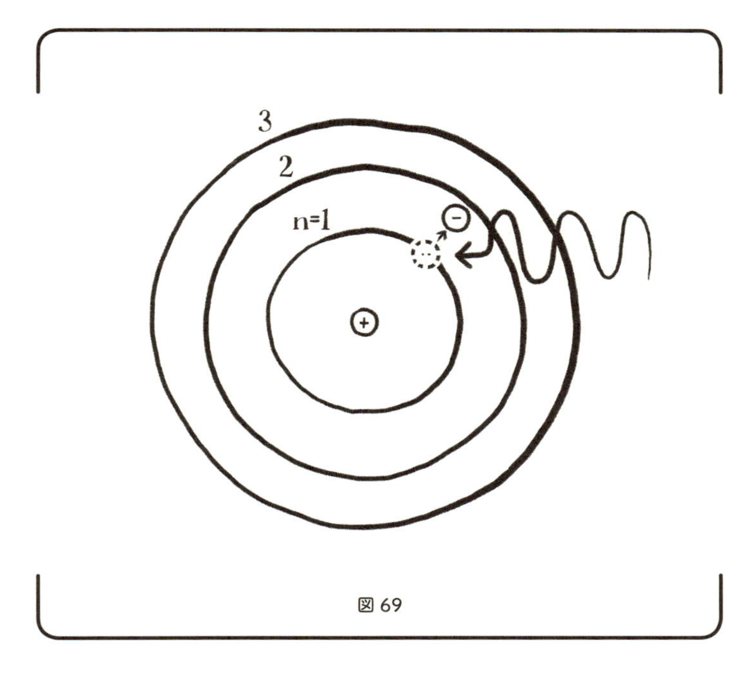

図69

に広がっています。

ボーアによれば、水素原子はエネルギーの小さな内側の軌道の電子を、エネルギーの大きな外側の軌道へと押し上げることによってのみ、光からエネルギーを吸収できます（図69）。同様に、電子がエネルギーの大きな外側の軌道から、エネルギーの小さな内側の軌道へと移るときだけ、光を放出できるのです。ボーアはこの仮説を使って、電子が1つの定常状態の軌道から別の定常状態の軌道へと移る（遷移する）ときに吸収または放出される光の周波数を計算することができました。それは観測された数値とぴたりと一致しました。

ボーアの水素原子モデルの重要性に人々はすぐに気づきました。どのような評価だったのかはラザフォードの言葉によく表れています。「ボーアの理論にしっかりとした根拠があるかどうかを判断するのはまだ早いが、それでも彼の貢献は（中略）きわめて重要であり興味深い」[*61]。ところが、ボーアをはじめこの時代の人々が、複数の電子を持つ原子にこの仮説モデルを当てはめようとしてもうまくいきませんでした。これは当然予測できたはずの失敗なのです。なぜならボーアのモデルは電子の軌道を説明するのに可能なかぎり古典物理学を頼っていたからです。ところが水素の次に単純な原子であるヘリウムは、1つの原子核と2つの電子という3つの粒子からできています。そして古典物理学では二体問題は解けますが、三体問題になると正しく解くことはできないのです。その後1920年代になると、量子革命によって「原子内の電子の軌道」という概念そのものが解体されることになります。

そうはいっても1913年の時点では、ボーアの水素原子モデルは大きな役割を果たしました。これほど単純でしかも見事に機能するモデルを、物理学者たちはつぶさに研究し、自問せずにはいられませんでした。「なぜこのモデルはこれほどうまくいくのだろうか――」と。

一般相対性理論

General Relativity

［1915年］

1914年から1918年にかけての第一次世界大戦では、両陣営ともが本気で相手の息の根を止めようとしました。機関銃や重火器といった新兵器のせいでそれまでの攻撃戦術は通用しなくなり、死に物狂いの猛攻でも軍事的成果はほとんど、ときにはまったく得られず、ただ膨大な数の戦死者が残されるだけでした。たとえば9カ月続いたヴェルダンの戦いは100万人の死傷者を出し、敵味方ともにほぼ全力を使い果たしたあげく、両陣営の占領地域は戦いの前と後でほとんど変わらなかったのです。1918年の秋にドイツが戦争停止を求めたとき、ウィルフレッド・オーエンの忘れがたい言葉を借りれば、「死すべき定めの若者」たちはその世代のほとんどがすでに「家畜のように」死んでいました。*62

停戦から1年後——。まだ第一次世界大戦の記憶、その恐怖や無益、行きすぎた愛国心の結末が人々の脳裏にはっきりと焼き付いていた1919年11月6日、ロンドンで王立協会と王立天文学会が開催され、アインシュタインの一般相対性理論の正しさが裏付けられたという報告が世間に公表されました。ドイツ語を話すスイス人科学者［1919年時点でのアインシュタインの国籍はスイス］の難解な理論を、英国人科学者たちが大変な苦労をして実証したというニュースは、戦争に疲れ切っていた人々を大いに沸かせたものです。

その英国人科学者たちがアインシュタインの理論を実証できたのは、1919年5月29日の皆既日食で太陽の前を横切った月の影に入ったことによってでした。

その日、皆既日食を起こす月の投げかける楕円形の影は、ブラジル東海岸からアフリカ西海岸までおよそ100マイルを移動することがわかっていました。王立天文学会会員の天文学者アンドリュー・クロンメリン率いる観測チームはブラジルのソブラルに配置され、ケンブリッジ大学の物理学者アーサー・エディントン（1882年〜1944年）率いる別の観測チームは現在のガボンの近く、アフリカ西海岸沖のプリンシペ島に配置されました。両チームはそれぞれ、2つの恒星を選んでその角距離（2点間の距離を角度で表したもの）を測ったのですが、うち1つの恒星がちょうど日食で暗くなった太陽の縁を通るときを選んで測ったのです。また、この2つの恒星が太陽の近くにいないときの角距離

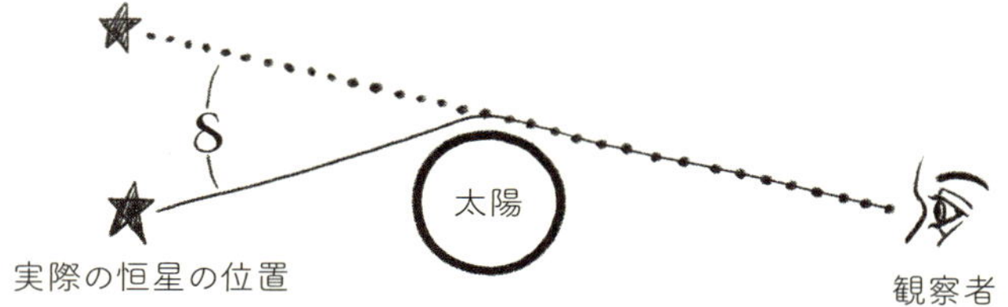

図 70

も事前に測っていました。そして、2つの角距離を比べてみたところ、日食時に太陽の縁を通った恒星の位置がずれていたのです。あたかもその恒星から届く光を太陽が引き寄せたかのように——。このずれを実際より大げさに描いて説明したのが**図 70** です。

太陽が恒星の光を引き寄せて屈折させるかもしれないということは、ニュートンの「万有引力の法則」と彼の「光の粒子説（光は小さいながらも重さを持つ粒子だとする考え）」の2つが遠回しに暗示しています。ですから、**図 70** のような状況で恒星の光がどれくらい屈折するか、角δの値をニュートンが算出していてもおかしくなかったでしょう。しかし実際にはしませんでした。その角度をニュートン力学に従って最初に計算したのはヨハン・ゲオルク・フォン・ゾルトナー（1776年～1833年）でした。ゾルトナーは1801年、その偏向の角度が0.87秒角になるはずだと予測しました。これは1度の1/3600にやや満たない角度です（注：1度は円の1/3600です）。

アインシュタインもニュートンと同じく、光は小さいながらも重さを持つ粒子の集まりだと考えていました。そして、光は重さを持つ粒子だとするシンプルな理論（ニュートンとアインシュタインでは粒子説の考え方にずいぶん違いはありましたが）とニュートンの万有引力の法則に従えば、太陽による光の屈折はゾルトナーの計算した0.87秒角になるのです。しかし、時間と空間と重力にはそれだけでない「何か」が働いている――アインシュタインが1915年に発表した一般相対性理論はそれを示しました。その「何か」とは、重さを持つ物体は周辺の時間と空間を歪めるという考え方でした。この歪みを計算に入れたアインシュタインの一般相対性理論に従って計算すれば、太陽による光の屈折は1.74秒角になります。ゾルトナーの予測値のきっかり2倍です。

果たして、前述のクロンメリンとエディントンが皆既日食のときに測った実測値は、ニュートン力学に基づくゾルトナーの値ではなく、アインシュタインの一般相対性理論に基づく値が正しいことを裏付けたのです。この結果が世に公表されるやいなや、ロンドン・タイムズ紙はアインシュタインがニュートン力学を「ひっくり返した」と大胆にも言い放ち、ニューヨークタイムズ紙はアインシュタインがエウクレイデスの幾何学を「打ち負かした」と言い切りました。[*63] 庶民に人気のあったドイツの週刊誌ベルリナー・イルストリールテ・ツァイツング［1945年に廃刊］は、思慮深げなアインシュタインの写真を表紙の全面に使ったものです。電子の発見者ジョン・ジョセフ・トンプソン（1856年～1940年）は「彼（アインシュタイン）の考えたことは、人類が考えたことのなかでも最大の偉業の1つである」と公言しました。もともと物理学者の間では知られた存在だったアインシュタインは、こうしたマスコミ報道により科学の象徴へと祭り上げられます。

特殊相対性理論と一般相対性理論に従うと、ある部分では普通の人の直感に反する世界が見えてきます。これがアインシュタインの名声を長持ちさせるのに一役買っています。一般相対性理論が特殊相対性理論から生まれたことを思い出してください。後者は、動いている時計は時をゆっくりと刻み、動いている定規は長さが短くなるとする理論です。特殊相対性理論は当時もいまも、唖然とするほど見事に物事を説明できる理論です。世界中に何千とある粒子加速器で毎日行われている実験の結果と事前予測が一致することで、その正しさは毎日実証されています。一方、その理論を一般化した一般相対性理論を実証できるチャンスはそれほど多くありません。一般相対性理論で説明でき、その正しさを実証できる現象は、恒星の光の屈折のほかには、水星の近日点の移動が遅れることや重たい物体から生じる光のスペクトルが波長の長いほうへズレること（重力赤方偏移）、そしてブラックホールの性質などにかぎられます。

とはいえ、アインシュタインはこうした珍しい現象を予言するために相対性理論を考え出したのではありません。著名な物理学者スブラマニアン・チャンドラセカール（1910年〜1995年）によれば、アインシュタインを動かしたのは実験で何かを証明したいという気持ちよりも美意識であったといいます。個別具体的な現象を見事に説明したいという願望ではなく、物理理論のなかにシンプルさと調和、そして対称性を見たいという欲求だったのです。もちろんアインシュタインは自分の理論が現実に当てはまることを望み、その実例も見つけました。しかし、1915年に一般相対性理論を発表した時点では、この理論によって説明してもらわねばならない実証的・経験的な物理学の謎は何ひとつなかったのです。

興味深いことですが、何がよい理論と見なされるかは時とともに変わります。今日の物理学者の間では、一般相対性理論は奇妙な評価をされています。見事な成果は否定しようがないのですが、多くの物理学者は「重力の量子論」が存在しないことにとまどいを感じています。言い換えれば、一般相対性理論の量子バージョンが存在しないことに困っているのです。それが存在しないことは、一般相対性理論に基づく予測に何か問題があるというよりも、むしろ一般相対性理論そのものが現在の物理学の基準に合わないと感じさせます。なぜなら、いまや量子力学の言葉は物理学の言葉と等しいからです。そして、基本的な力のなかで重力だけが、その言葉で表現されることを拒み続けているのです。

44

コンプトン散乱

Compton Scattering

〔1923年〕

アインシュタインは1905年に光量子という概念を考え出します。これは光電効果、すなわち金属の表面に紫外線を当てると電子が飛び出す現象を説明するためでした。彼の仮説によれば、光のエネルギーはぎゅっと集まって1つのかたまり、すなわちクオンタム（量子）になり、そのエネルギーのすべてが瞬時に1つの電子に移ることもある、というのです。1つの光量子が持つエネルギー$E(=h\nu)$は、その光量子が所属する光波の振動数（周波数）νと、比例定数である**プランク定数**hによって決まります。

アインシュタインによる光電効果の説明は、それから10年間、実験による裏付けを得られないままでした。実証された後ですら、物理学者の大半は、光が量子（後には**光子**）からできているというアインシュタインの説明が暗に示すことを受け入れようとはしませんでした。何しろ、

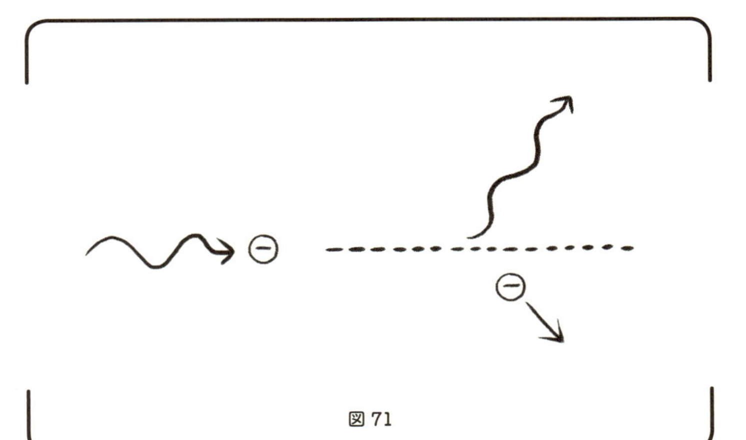

図71

光が波でなければ可視光線が回折や干渉することの説明がつかないのですから。また、たんに可視光線とは周波数帯が異なるだけの赤外線、紫外線、X線はすべて波なのです。そのうえ、光の波動説にはマクスウェルの電磁気理論という確固たる土台があります。電磁気理論ほど多くのことを見事に説明できる理論に疑いの目を向けることはできません。確かに、光が波だとすると説明のつかない実験も少数ながら存在します。しかし、それらは光と原子・分子との相互作用に関するものであり、その相互作用はそもそも完全には解明されていないのだから、光量子説の懐疑派からすれば無視できる実験だったのです。

おそらくマックス・プランクの次の文章が、当時の多くの人の意見を代弁しているでしょう。彼は1913年にアインシュタインをロシア科学アカデミーの会員に推薦する文書に署名し、こう述べています。

「まとめると次のように言っていいでしょう。現代物理学の重要な諸問題のなかで、アインシュタインの多大な貢献なくして実り豊かになったものなどほとんど1つもないのです。彼とて光量子仮説のように、的外れな推測をすることもありましたが、それをもって彼を非難しすぎてはなりません。なぜなら、どれほど厳密な科学であろうとも、時には冒険をしなければ新しい考え方を提唱することはできないからです」*64。アインシュタイン自身も、光量子というのは思考のための一時的な工夫にすぎず、いずれもっと根本的な理論に取って代わられるかもしれないと考えていました。

ですから、アインシュタインは光量子という考え方をかなり用心深く扱っていました。たとえば光電子が飛び出すことを説明するとき、彼はビール樽のたとえ話を使いました。ビール樽からビールを取り出すときにいつも中ジョッキ1杯ずつ取り出すからといって、樽の中のビールがジョッキ1杯分ずつに分かれて保存されているわけではありません。それと同じように、特定の状況で光がそのエネルギーを常に一定量のかたまりにして差し出すように見えるからといって、光が量子でできているとはかぎらないのだと。

結局、懐疑派を黙らせるだけの現実味を光量子に与えたのはアーサー・ホリー・コンプトンでした。**図71**はそのコンプトンの実験を説明しています。図の左側では、光が1つの孤立した電子（マイナス記号のついた丸）に向かっています。図の右側では電子にぶつかった光が散乱し、電子も反動で弾かれています。点線が示すのは、光がぶつかる前の電子の軌道を延長したものです。コンプトンいわく、光の散乱する角度とその光の周波数が減って波長が長くなる程度は、弾かれた電子の方向とその運動エネルギーに関係し、その関係はまさに光のエネルギーと運動量がひとかたまりの量子であると考えると見事に説明できるのです。光量子と電子の衝突は、ビリヤードの球同士がぶつかるようなものなのです。

実際にコンプトンが実験で使ったのは可視光線ではなくX線でした。また、完全に孤立した電子ではなく、黒鉛の標本の炭素原子が持つ、ゆるやかに縛られた電子を使いました。ここで、ヴィルヘルム・レントゲンが1895年にX線を発見し、マックス・フォン・ラウエが1912年にX線とは（可視光線と比べて）周波数の高い電磁波だと証明したことを思い出してください。そして今度はコンプトンが、X線も電磁放射の粒子として振る舞うことを証明し、その延長線上にあるすべての周波数帯の電磁波もまた粒子として振る舞うことを示したのです。

コンプトンはこの実験結果を1923年の論文で発表したのですが、面白いことにそのなかではアインシュタインの光電効果に関する論文（1905年）については一言も触れていません。それにもかかわらず、このコンプトンの実験はお約束のように「アインシュタインの光量子仮説を裏付けた実験」として引き合いに出されるのです——。本書でもそのように扱っていますが。コンプトンの伝記を書いたロジャー・ステウワーは、コンプトンがアインシュタインの研究を裏付けたかのような誤解がまかり通っていることを受けて、「（コンプトンは）おそらくアインシュタインの1905年の論文を1度も読んでいないだろう」とはっきり述べています。さらに「コンプトンの研究計画の全体像を見たときにもっとも驚くのは、その研究がかなり独立して行われていたことだ」とも書いています。要するに「自分で行った数々の精緻な実験が彼の理論的洞察を引き出し、それを揺るぎないものにした」のだと述べています。*65

さて、この**コンプトン効果**は大騒ぎを引き起こしました。コンプトンの実験とその意味が知られる前までは、光に粒子としての性質があるように見えても、それは物質と光の相互反応を正しく解釈できていないからだと言い逃れができたのです。しかしこの実験の後では、物理学者は光量子説を受け入れるしかなくなったのです。

とはいえ、コンプトン効果は新たな難問も生み出しました。お互いに相容れない2つの理論、「光の粒子説」と「光の波動説」のどちらもが、それぞれ異なる状況で欠かすことのできない理論だとわかったのです。周波数の高い光が電子と相互作用するとき、まさに光は光子からできているように見えます。ところが周波数の低い光線は、まさに波がつくるような干渉パターンをつくります。光はひとかたまりのエネルギー$E(=h\nu)$として扱うこともでき、また周波数ν（$=E/h$）の波として扱うこともできます。結局、物理学者たちはこの**粒子と波動の二重性**に慣れてしまい、その考え方はこれまで十分に役立ってきました。しかし、いまはより整合性のある理論が生み出されています。第二次世界大戦の直後、光の粒子説と波動説を単独の理論として数学的に統一することができたのです。その理論を**量子電磁力学**といいます。

45

物質波

Matter Waves

［1924年］

ルイ・ド・ブロイ（1892年～1987年）は、17世紀以降、著名な軍人、政治家、外交官を何人もフランスに送り出した華やかな一族に生まれました。父は5代目のド・ブロイ公で、ルイもいずれは7代目の当主になります。子供時代は家庭教師から学び、高校を卒業するとパリ大学に入学、最初は歴史学、次に法学、最後に物理学を学びます。専門は理論物理学でした。第一次世界大戦で勉強は中断しますが、著名な実験物理学者であった兄が手を回してルイを安全な軍務に就かせます。エッフェル塔の足元にある電報局の仕事で、彼は大戦中のほとんどをそこで過ごしました。1919年に復員すると大学に戻り、博士論文を完成させます。

裕福で特権的な一族に生まれたことによる自信、そして明らかな物理学の才能のおかげで、ド・ブロイには主流派から外れた物理学を考え続ける余裕がありました。彼は

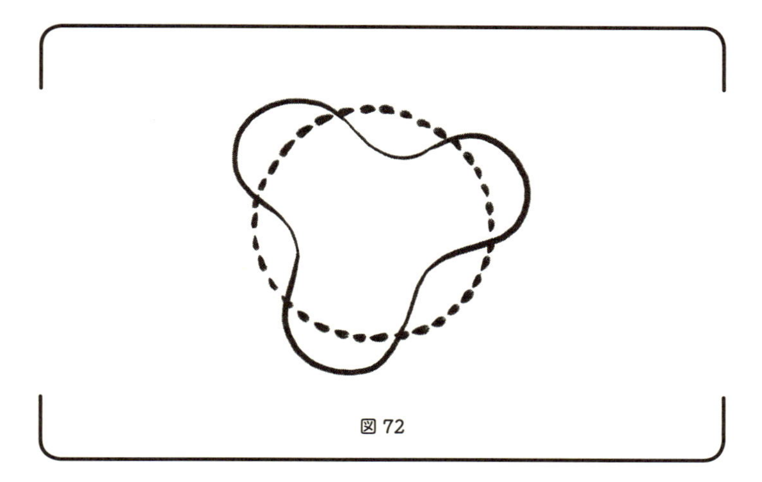

図72

1905年にアインシュタインが発表した相対性理論と光電効果に関する研究に大いに刺激を受けたのです。とりわけ、波と考えれば非常にうまく説明のつく光が、じつはエネルギーのかたまり（量子）として粒子のように振る舞うこともあるという考え方を知ったド・ブロイは、それを補完するアイデアとして、1897年の発見以来ずっと粒子だと思われてきた電子がじつは波として振る舞うこともできるのではないかという着想を得ます。

ド・ブロイの仮説によれば、あらゆる粒子は波をともない、その波は粒子の振る舞いに影響を与えます。そして、物質粒子が持つ波の波長λ——いまでは**ド・ブロイ波長**と呼ばれます——が、その粒子の運動量pに反比例することを発見しました。すなわち$\lambda = h/p$と表せます（hはプランク定数)。粒子の運動量が小さいほど波長は長くなり、波長が長くなるほど粒子の波動性（波としての性質）が著しくなります。ド・ブロイにすれば、粒子が波としての物理量（波長など）を持つことは、粒子が質量を持つのと同じようにリアルなことに思えたのです。

ド・ブロイはこの**物質波**の考え方を最初に水素原子に当てはめてみました。ニールス・ボーアは1913年、水素原子の電子は飛び飛びの特別な軌道しかとれないという少し身勝手な制限をつけ、これを**定常状態**と呼びました。ボーアは、定常状態にある電子だけが安定でき、（加速度運動する電子は）エネルギーを放出するという古典物理学の法則に従わなくていいとしたのです。ボーアのモデルはご都合主義の前提に基づいていたかもしれませんが、それまでの実験結果を見事に説明できました。

ド・ブロイの物質波は、ボーアの恣意的な電子軌道の制約にきちんとした根拠を与え、さらに新しい考え方の世界を切り開きました。電子の軌道には、波が軌道を１周したとき最初の場所に戻ってスムースに（2周目の波に）再接続できるような軌道、という制約があることを彼は発見したのです。それ以外の軌道と結びついた波は自滅します。この「スムースに再接続できる波」というド・ブロイの制約条件はボーアの言う「定常状態」とまったく同じことなのです。**図72**は実際の姿というよりも概念を示すものですが、電子の円軌道とそれに結びついた波を描いています。円軌道はこの波の波長のちょうど3倍になっているので、波は1周した後、無理なく再接続できます。これ以外に電子がとれる軌道は、円周が波長の整数倍（1,2,3…）となる軌道です。

みなさんは「自分と重なるように干渉する波」という概念をすでにご存じかもしれませんね。伸縮性のあるしなやかなロープを用意し、その一端を支柱に結びつけてください（ロープの代わりに、階段を自分で降りるバネのおもちゃでもいいです）。ロープをまっすぐに伸ばしてから、自由なほうの一端を持って手を上下に振って波を起こしてください。波は支柱にぶつかって戻ってくる途中で、新しく生まれた波と干渉します。このとき「自分と重なるように干渉する波」を生み出すには、ある特定の飛び飛びの周波数になるよう

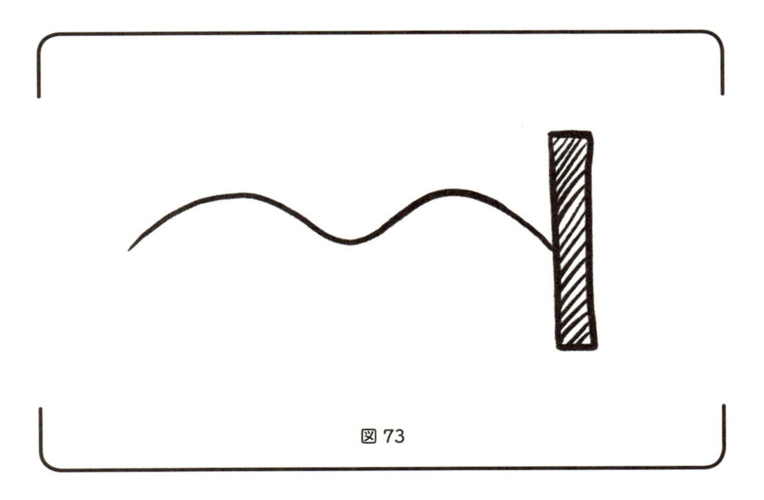

図 73

手を上下に振る必要があります。この例の場合だと、そのような波を生み出せる大きな波形は、「波長の半分」の整数倍でできた波形だけです。**図73**に描かれたロープの波形は、「波長の半分」の4倍になっています。

ド・ブロイは物質波という自分のアイデアを1924年に書き上げた博士論文にまとめます。これを読んだアインシュタインは「彼（ド・ブロイ）は巨大なベールの一端を持ち上げた」と言いました。*66 そのわずか後に、エルヴィン・シュレディンガー（1887年〜1961年）がド・ブロイの物質波を数式で表して一般化する波動方程式を考え出し、この「巨大なベール」のもう一端を持ち上げるのです。

さて、ド・ブロイの物質波はすぐさま実験によりその存在を実証されます。米国の物理学者クリントン・デイヴィソン（1881年〜1958年）が、自分でもそうと知らないうちに物質波の存在を実証してしまうのです。デイヴィソンは以前から低エネルギーの電子線を結晶に当て、反射した電子線の強さを入射角の関数で表す研究を、共同研究者レスター・ジャマーの手を借りて続けていました。1926年にジャマーは欧州を旅行し、そこでマックス・ボルン（1882年〜1970年）――1年後には物質波の確率解釈を考え出します――の講演を聴いてびっくり仰天します。というのもボルンは講演で、デイヴィソンの以前の研究から引用した曲線を見せて、「これは電子が結晶表面に当たって反射するときに、波とまったく同じように反射することを示す証拠だ」と述べたからです。米国に戻ったジャマーはデイヴィソンと一緒に、ボルンの見解をいかして実験を改良します。その結果、遅い電子が結晶で反射するときは、ド・ブロイ波長$\lambda = h/p$（pは電子の運動量）を持つ波とまったく同じように反射することを突き止めます。

ド・ブロイは「電子の波動性を発見」*[67]した功績により1929年度のノーベル物理学賞を受賞します。エルヴィン・シュレディンガーは1933年、クリントン・デイヴィソンは1937年、そしてマックス・ボルンは1954年にそれぞれノーベル物理学賞を受賞します。ド・ブロイはアインシュタインやシュレディンガーと同じく、ボルンの提唱した「物質波の確率解釈」を受け入れませんでした。彼らはあまりにも強く、古典物理学の伝統である連続性と決定論を信じ込んでいたのです。しかし、いまではボルンによる量子の確率解釈は避けようがないことが証明されています。

46

膨張する宇宙

The Expanding Universe

［1927年～1929年］

日々うつろう太陽や月の姿、恒星や星空、天を渡るぼんやりとしたミルク色の「天の川」――何百年もの間、人々はこうしたものを目にして「宇宙とは何だろう」と考えずにはいられませんでした。何でできているのか、宇宙自体も動くのか、どんな形をしているのだろうか――。こうした疑問を抱き、ときには答えが得られることもありました。しかし、肉眼や望遠鏡で宇宙を観察しても得られる情報は少なく、人々の想像力の翼が縮むことはほとんどありませんでした。もちろん実験で何らかの答えを得るなど不可能でした。

イマヌエル・カント（1724年～1804年）は合理性という観点からこの問いの答えを追究しました。自分の持っているかぎられた知識（太陽は天の川銀河に含まれる）と合理的な推定（物理法則はどこでも同じように成り立つ）の両方から

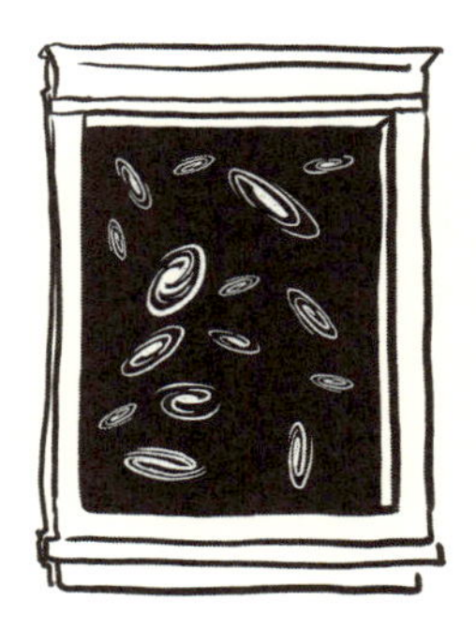

図 74

推論を重ね、当時としては非常に進んだ宇宙論を組み立てたのです。カントの考えでは、天の川は横に広がった回転する星系であり、安定しているように見える理由は、星々が互いに引き付け合う重力と、回転によってバラバラに飛んでいこうとする遠心力とが釣り合っているからだとしました。わたしたちは内側から天の川を見ているわけですが、もし離れた位置から天の川を見れば、ぼんやりとしたつぶれた楕円形に見えるでしょう。その姿はカントの時代にすでに天文学者が発見しつつあった得体の知れない星雲にそっくりのはずです。したがって、天の川銀河が虚無の宇宙にポツンと浮かぶ孤島のように全宇宙でただ１つの星系だという可能性は低く、同じような多数の星系が全宇宙に散らばっていると考えられるでしょう。そのようにカントは推論しました。

しかし、観察と実験を重んじる天文学者たちは、カントの考えが物理的証拠にほとんど基づいていない——確かにその通りです——として彼の推論を無視しました。カントより大きな影響を与えたのは、ウィリアム・ハーシェル（1738年〜1822年）とハーロー・シャプレー（1885年〜1972年）による、望遠鏡を使った丹念な調査でした。シャプレーは天の川銀河の大きさを算出します。その際に利用したのがヘンリエッタ・スワン・リービット（1868年〜1921年、彼女はハーバード大学天文台がデータ処理のために雇った「コンピュータ」と呼ばれる女性たちの最初の1人でした）の発見した**セファイド**と呼ばれる変光星の明るさとその変光周期の関係でした。シャプレーは、地球から特定のセファイド変光星までの距離を測る方法を編み出します。それは、変光星の変光周期を観察し、その結果からその変光星の絶対等級（観測距離に左右されない本当の明るさ）を推定し、実視等級（見かけの明るさ）と比較することで距離を推定するのです。セファイド変光星は天の川銀河じゅうどこでも見つかるので、シャプレーは天の川銀河の大きさを測ることができました。横幅にしておよそ10万光年というのがその結果です。ところが、彼はカントの考えとは反対に、星雲とは天の川銀河に含まれる物体であり、天の川銀河こそ全宇宙のすべてを含む存在であるとする間違った結論に至ったのです。

この間違った結論は1923年から1924年にかけて粉砕されました。エドウィン・ハッブル（1889年〜1953年）がカリフォルニア州ウィルソン山に建造されたばかりの直径100インチ（約2.5メートル）の光学望遠鏡を使い、アンドロメダ星雲にあるセファイド変光星を見つけたからです。ハッブルがシャプレーの方法で距離を測ったところ、何とアンドロメダ星雲は天の川銀河とは別の星系であり、天の川銀河の横幅よりざっと10倍も遠く離れたところにあると判明しました。ハッブルはこの発見をシャプレーに手紙で報告し、それを読んだシャプレーは「この手紙によってわたしの宇宙は粉々になった」と同僚に言ったということです。*68

ハッブルは次にスペクトルの研究にとりかかります。遠くの星雲を構成する星々の大気圏にあるガスは光を放ったり吸収したりしますが、その光の色には特徴的なパターンがあります。興味深いことに、大抵の場合そのスペクトルは波長の長いほう、周波数の低いほうへとずれていました（赤方偏移）。そこでハッブルはこの赤方偏移を**ドップラー偏移**だと考えました。つまり、急速に遠ざかる救急車のサイレンの音程が低くなる（音波の波長が長くなる）のとまったく同じように、遠くの銀河がわたしたちの銀河から急速に遠ざかっている結果だと考えたのです。そして、地球からの距離が遠い銀河ほど地球から遠ざかる速度も速く、その比率は1対1の正比例になることを発見します。いまではこれを**ハッブルの法則**と呼んでいます。

この発見の手伝いをしたミルトン・ヒューメイソン（1891年〜1972年）は、ウィルソン山天文台の地元でラバを使った荷物運びや天文台の雑用係をしながら自助努力で有能かつ綿密なアマチュア天文学者となり、ハッブルの助手を務めた人です。この2人の発見は一見するとわたしたちの天の川銀河こそ、この世の始まりである「宇宙の大爆発」の中心であるように思えます。なぜなら、爆発で生まれた破片のうちもっとも高速で飛んでいく破片は、一定時間後に爆発の中心地からもっとも遠くにあるはずですから。しかし、これとは別の解釈が一般的には信じられています。いまの天文学者はみな、もっとも大局的な見方をすれば、全宇宙で物質は均一に分布していると考えています。したがって、どちらを向いても銀河の分布は似たようなもので、（天の川銀河以外の）どの場所から見ても銀河の分布はやはり同じに見えるでしょう。この宇宙原理と呼ばれる前提に従えば、宇宙には中心も端もないことになります。「宇宙の大爆発」はすべての場所で同時に起きたのです。

ハッブルの法則と**宇宙原理**を合わせて考えると、時間とともに銀河の密度は減っていくと思われます。**図74**はそれを1つの窓から見える2つの宇宙の姿として描いています。右側の窓は、左側の窓の何十億年後だと思ってください。この窓から見える宇宙は銀河の密度が低くなっています。宇宙が膨張しているといえるのは、そういう意味なのです。

宇宙が膨張していることを裏付ける証拠はたくさんあります。しかし、膨張スピードや膨張の直接の原因は本書を執筆している2016年時点でも研究中です。ハッブルは銀河の赤方偏移を示すデータを最初に集めましたが、そのデータを読み解いて宇宙の膨張という解釈を初めて示したのは彼ではありませんでした。その名誉はベルギーのカトリック教会の司祭、ジョルジュ・ルメートル（1894年～1966年）のものとされています。彼は、その時代に一般相対性理論の案内役として活躍したアーサー・エディントンの教え子でした。ルメートルは一般相対性理論の方程式から、ゼロ密度にならずに全方位に均質に膨張する宇宙を示す解を発見します。そしてこの解の証拠をハッブルの初期の観測データに見出すのです。ルメートルはこの発見を無名の学会誌に1927年に発表しました。しばらくはほとんど誰の目にも留まりませんでしたが、最終的にはアインシュタインを筆頭とする人々からその内容が称賛されます。

ハッブルはどうしてもノーベル物理学賞を受賞したくて、最後には代理人を雇って働きかけるという尋常でない手段にまで訴えました。しかし道は険しく、結局はうまくいきませんでした。というのも、ハッブルの時代には天文学者はノーベル賞の候補と見なされていなかったのです。とはいえ、ハッブルの業績はノーベル賞受賞者に匹敵します。星雲が天の川銀河の外にある別の星系であることを発見し、また膨張する宇宙の発見につながる決定的な役目も果たしたのですから。

47
ニュートリノとエネルギー保存
The Neutrino and Conservation of Energy

［1930年］

19世紀もあと数年という頃に発見された放射能に、物理学者は頭を抱えました。原子はそれ以上細かく分けられないものとされていたからです。原子がその一部分を放射するという現象をどう説明すればいいのでしょうか。そもそも原子に「部分」があるとはどういうことでしょうか。しかも、放射能からはエネルギーが無限に生まれてくるように見えるのです。いったいどこからそのエネルギーは来るのか。原子からか、それとも原子の周りの空間からか、はたまた放射性崩壊の際には無からエネルギーが生まれるのか——。

これらの疑問に対する答えは、懸命な努力と想像力によってもたらされました。じつのところ原子はさらに細かく分けられたのです。放射能とは、不安定な原子がその一部分を不規則に放つことで生まれるアルファ線、ベータ線、

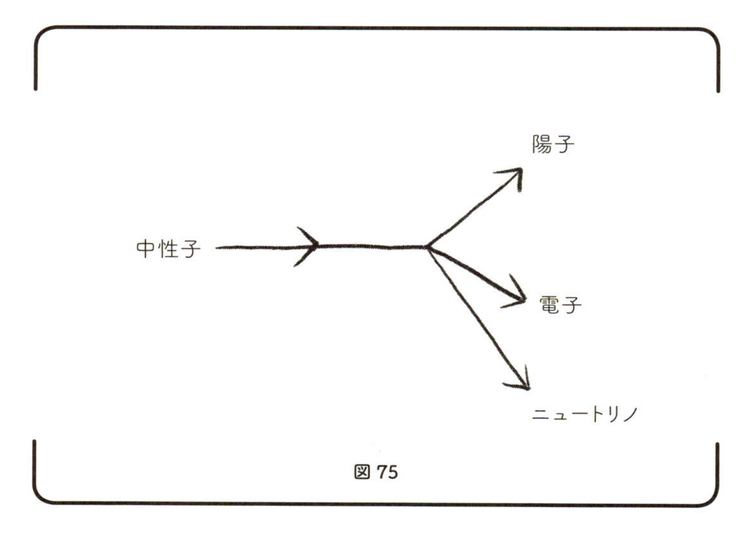

図 75

ガンマ線でした。アルファ線（ヘリウム原子）やベータ線（電子）を放射すると、もとの原子は別種の原子に変身します。その現象をアーネスト・ラザフォードは1904年にこうまとめています。

「この（変身）説は、放射能に関する既知の事実すべてを十分に説明し、説明のつかなかった数多くの事実を1つの一貫した全体像にまとめることが判明した。この見方に立てば、放射体から絶え間なく放出されるエネルギーは原子にもともと内在するエネルギーから引き出されたもので、いかなる意味でもエネルギー保存則とは矛盾しない」*69

このラザフォードの発言を裏付けたのが1905年のアインシュタインの発見でした。すなわち、質量mを持つすべてのものは、mc^2で表される量のエネルギーEを持ち、エネルギーEを持つすべてのものは、E/c^2で表される量の質量mを持つ（ただしcは光の速度）という発見です。これにより、放射性原子がエネルギーを放出できるのはその原子が質量を失うからだと説明がつきました。

1929年までに物理学者たちはさらに前進しました。1910年にはラザフォードが原子核を発見し、ヴェルナー・ハイゼンベルク（1901年～1976年）、エルヴィン・シュレディンガー、そしてポール・ディラック（1902年～1984年）が量子力学で原子の構造を説明するため、それぞれ独自の方法を考え出したのです（それぞれ1924年、1926年、1928年のことでした）。すぐさま同様の考え方が原子核にも当てはめられました。これらの進歩をまとめてディラックはこう述べています。「物理学の大部分をなす数学的理論の土台としても化学全体の土台としても不可欠である基本的物理法則は、いまでは完全に解明されています。唯一の悩ましい点は、これらの法則を当てはめようとするとあまりに複雑すぎて解けない方程式になってしまうことだけです」[*70]——。しかし実際には「これらの法則を当てはめる」だけでは解けない問題も残っていました。

その問題の中心にあったのは、不安定な原子核からベータ線として飛び出る電子でした。より具体的にいえば、ベータ線の電子が持つエネルギーの値は一定範囲内に連続的に分布するのです。同じ種類の原子核から飛び出るときでさえ、そのように数値がばらつきます。これと対照的にアルファ線（ヘリウム原子核）とガンマ線（高周波数の電磁波）のエネルギーは、それらを生んだ原子核に応じてきっちりと一定の値になります。

1929年の物理学者は、原子核は陽子と中性子からできており、それらの数は原子核の核電荷と質量に応じて決まると考えていました（実際にその通りです）。また、多くの物理学者は、中性子とは陽子1つと電子1つが固く結びついたものだと考えていました（これは間違っています）。陽子と電子は反対の電荷を持つので互いを引き付け合います。このため多くの物理学者は、中性子が真っ二つに割れて陽子と電子を引き離すだけのエネルギーを放ったときにベータ線が生まれるのだと考えたのです。

この説明はたいへん合理的に思えるかもしれませんが、認めることはできません。なぜなら、あらゆる場合に運動量とエネルギーが保存されることと、中性子はごくわずかだけ陽子より質量が多い（どちらも電子のおよそ1800倍の質量です）ことの2点を前提とすると、原子核がベータ崩壊したときに生まれるエネルギーのほぼすべてを、そこから飛び出す電子が持ち運んでいなければなりません。加えて、ベータ線が持つエネルギーは、アルファ線やガンマ線がそうであるように、自らを生み出した原子核の種類ごとにきちんと一定の値をとるはずです。ところが実際には、ベータ線として放出される電子のエネルギーの値は大きくばらついているのです。これはすなわち、まったく同じ種類の原子核がそれぞれ異なるエネルギーを持っていると考えるか、もしくはニールス・ボーアが示唆したように、エネルギー保存則は1回の崩壊だけでは成り立たず、数多くの崩壊を平均したときにだけ成り立つと考えるかのどちらかしかありません。しかし、ほとんどの物理学者はどちらもあり得ないと否定しました。

この行き止まりを救ったのがヴォルフガング・パウリ（1900年〜1958年）でした。彼は1930年、原子核のベータ崩壊で生まれるエネルギーは、残った陽子と電子、そしてまだ知られていない軽微な粒子の3者で分け合うとしたのです。この粒子は後にエンリコ・フェルミ（1901年〜1954年）が**ニュートリノ**と名付けます（イタリア語で「軽い中性子」の意味）。**図75**は、中性子が崩壊して陽子と電子、そしてニュートリノに分かれる様子を描いています。このとき生じるエネルギーを、電子はたくさん引き受けることもあればあまり引き受けないこともありますが、いずれにせよ残ったエネルギーの大半はニュートリノが引き受けます。このため、パウリの考えたベータ崩壊なら、電子の持ち運ぶエネルギーがばらついた連続的分布をしていてもエネルギー保存則は成り立つのです。

ニュートリノと他の粒子との相互作用はごく弱いため、パウリの時代までその存在が検知されなかったのもうなずけます。パウリが自説を公表するにはたいへんな勇気が必要でした。彼は友人にそっと打ち明けています。「今日ぼくは非常にまずいことをしてしまった。検知できない新しい粒子があると提案したんだ。理論家なら決してしてはならないことだ」[*71]。しかし実際にはパウリは一種の新しい流れを生み出しました。いまや、普通と違う珍しい実験結果が得られるたびに、新しい粒子の存在を提唱する素粒子物理学者という仕事があるのです。

さて、イタリアの物理学者エンリコ・フェルミはパウリのアイデアを採り入れ、新しく育ちつつあった量子電磁力学の手法も利用して、ベータ崩壊の理論を組み立てました。この理論は電子のエネルギー分布の実測値と見事に一致しました。フェルミの理論によれば、ベータ崩壊で生じる陽子と電子とニュートリノは、もともと中性子の成分としてそこにあったのではなく、中性子が崩壊した瞬間につくり出されるとしました。1934年に公表されたこの理論はベータ崩壊を見事に説明しました。

実際にはニュートリノを検知するのは難しいながら不可能ではありません。パウリが最初にその存在を予測してから25年超がすぎた1956年、クライド・カワンとフレデリック・ライネスが原子炉で生まれたニュートリノを確認し、パウリに知らせました。淡々とした言葉遣いながら興奮が伝わってくる文章でした。「われわれが間違いなくニュートリノを見つけたことを喜んでご報告します」[*72]。

中性子の発見

Discovering the Neutron

［1932年］

ジェームズ・チャドウィック（1891年〜1974年）の功績は「中性子の発見」とされていますが、彼の本当の功績はそれほど簡単には言い表せません。彼は中性子の存在を最初に予測したわけでもなく、中性子が実在する証拠を初めて見つけたわけでもありません。中性子は複数の粒子からなる複合粒子ではなく素粒子でなければならない、と最初に考えたのも別の人でした。

もちろん、「発見」という言葉がきわめてふさわしいケースもあります。たとえばアーネスト・ラザフォードは間違いなく原子核を発見しました。彼が同僚のハンス・ガイガー、教え子で学部生のアーネスト・マースデンと一緒に1910年の実験を行うまで、原子核の存在は予測すらされていませんでした。この実験により、原子のほとんどの質量と原子の持つすべてのプラス電荷は、原子の中心部にあ

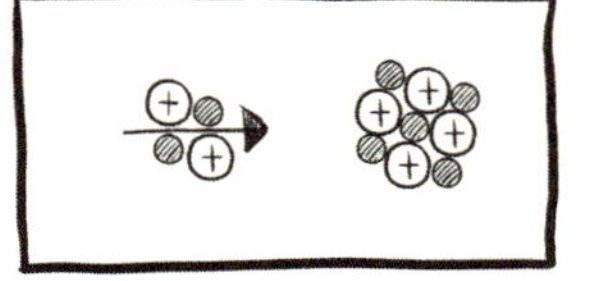
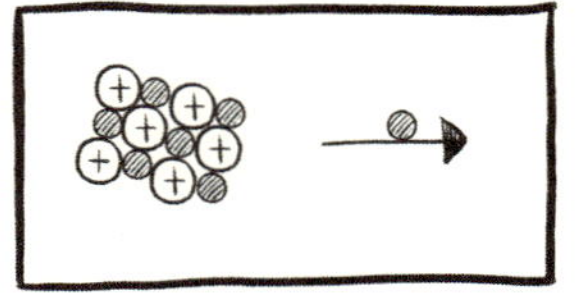

図 76

る非常に狭い領域にまとまって存在していると考えざるを得なくなったのです。後にラザフォードはこれを**原子核**と名付けました。

当時知られていた原子核のなかで水素原子核は質量が一番少なく、電荷も一番少ないため、ラザフォードはこれが基本素材であり、他の原子核もこれの組み合わせでできていると考え、水素原子核に**陽子**（proton）という名前を付けました。ギリシャ語で「1番目のもの」という意味です。ちなみにラザフォードはすでにある言葉を利用した名付けがたいへん上手で、原子核（nucleus）や陽子だけでなく、中性子（neutron）やアルファ線、ベータ線、ガンマ線など彼の命名はみな現在でも使われています。

話を戻すと、その後まもなくして、原子核に含まれる陽子の数だけでその原子の**化学的性質**が決まるのに対し、原子核が陽子だけでできていると考えると原子の**物理的性質**——具体的には質量——の説明がつかないことが明らかになります。たとえば、水素の次に質量の少ない原子はヘリウムです。ヘリウム原子核は2つの陽子を持ちますが、その重さはほぼ陽子4つ分もあるのです。他の原子核も、自身が持つ陽子の少なくとも2倍、多くはそれ以上の重さがありました。ラザフォードはこの問題を解決するため、原子核には電荷を持たない粒子がもう1種類あると仮定し、この**中性子**は陽子とほぼ同じ質量を持つとしました。原子核にある中性子の数は、それぞれの原子核の質量が観測結果と等しくなるように決められます。したがってヘリウム原子核には2つの陽子と2つの中性子があり、互いが「強い核力」で結ばれています。ここまでは問題ありません。しかしラザフォードは、中性子とは1つの陽子と1つの電子からなる複合粒子であると間違った考え方をしました(電子の質量は陽子の1800分の1程度です)。

1928年まで、こうした正しい理解と間違った理解とが混在していました。この年、3カ所で3つの研究者チームがさまざまな軽い元素にアルファ粒子、すなわちヘリウム原子核を浴びせる研究に着手します。ラザフォードと助手のジェームズ・チャドウィックが英国のマンチェスターで。ヴァルター・ボーテと教え子のヘルベルト・ベッカーがベルリンで。最後にイレーヌ・キュリー(マリー・キュリーの娘)

と夫のフレデリック・ジョリオがパリで——。

3つのチームは、アルファ粒子を吸収した原子核の多くが不安定になり、ものを貫通する性質を持つ高周波数の電磁波（じつはガンマ線）をすべての方向に等しく放射するようになることを発見します。ところが、ベリリウムだけは違いました。陽子4つ分の電荷と原子量9の質量を持つこの元素にアルファ粒子を浴びせたとき、通常とは違うことが起きたのです。不安定になったベリリウムの原子核は正面方向にだけ、つまり打ち込まれたアルファ粒子と同じ方向にだけ放射したのです。

ベリリウム原子核がアルファ粒子を吸収したときに正面方向に放射するのは電磁波ではなく別の粒子、中性子ではないか——この考えを最初に示したのはチャドウィックでした。そして彼は、それを証明するための実験方法を考え始めます。1932年2月までに彼は十分な自信を得て学会誌『ネイチャー』に手紙を送ります。「予想される中性子の存在」と題したこの手紙でチャドウィックは次のように説明しました。

「エネルギーおよび運動量の保存則がこの衝突でも成り立つのであれば、これらの研究結果を、そして研究過程でわたしが得たその他の結果を、ベリリウムからの放射が量子放射（ガンマ線）であるとの前提に立って説明するのは非常に難しい。ところが、放射されるのは質量1で電荷ゼロの粒子、すなわち中性子だと仮定すればこの難しさは消え失せる」[*73]

図76はチャドウィックの考え方を説明しています。左側は、強いエネルギーを持つアルファ粒子がベリリウムの原子核にぶつかろうとしているところです。4つの陽子と5つの中性子を持つベリリウム原子核が、2つの陽子と2つの中性子を持つアルファ粒子を吸収すると、6つの陽子と7つの中性子を持つ不安定な炭素原子核になります。図76右側は、この不安定な炭素が中性子1つを正面方向に放出したところです。すると6つの陽子と6つの中性子を持つ安定した炭素が残ります。

チャドウィックはこの時点でもまだ、自分でその存在を確認した中性子とはラザフォードの言うように電子と陽子が結合したきわめて小さい複合粒子だと思っていました。しかし1932年から「中性子の発見」[*74]によってノーベル物理学賞を受賞する1935年までのどこかで、彼は考えを変えました。というのも、ハイゼンベルクが新たに発見した不確定性原理によって、中性子のようなきわめて小さい粒子の中に電子を閉じ込めておくには現実にはありえないほど巨大なエネルギーが必要になるとわかったからです。しかもチャドウィックは中性子の質量を測ることにも成功しますが、その数値は中性子の構成要素だと思われていた陽子1つと電子1つの質量の合計値よりも大きいことが判明するのです。この結果により、中性子が複合粒子だという考え方はとどめを刺されます。中性子は素粒子に間違いありません。

手元にある材料で何とか急ごしらえの実験を工夫するわざに磨きをかけてきたチャドウィックは、臨機応変でアイデア豊富な研究者であり、物理学に貢献するのにうってつけの人材でした。第一次世界大戦が起きたとき、彼は若き研究者としてドイツでハンス・ガイガーと一緒に研究をしていました。ガイガーは英国人のチャドウィックにすぐドイツを離れるよう助言しますが、もたもたしているうちにほかの敵性外国人とともに捕虜として投獄されてしまいます。ジュネーブ条約に従い、捕虜たちの内輪のことには自治が認められました。そこでチャドウィックは捕虜仲間を集めて放射能についての講義を行い、放射性物質を含む歯磨き粉を買ってきて実験までしたのです［当時は健康に良いとしてラジウムなど放射能入り商品が売られていました］。

第二次世界大戦が起きたとき、チャドウィックはイギリスにおり、すでにノーベル賞受賞者として高名な学者でした。彼は、重い原子核の核分裂を利用して原子爆弾をつくれないか調べるよう頼まれます。その後､彼は1941年いっぱいかけてイギリスの原爆製造へ向けた最終報告書の草稿を書いています。結局、ドイツ空軍の激しい空襲にさらされた英国人は自力での原爆製造を諦め、そのノウハウをアメリカ人の手に委ねます。そしてチャドウィックは英国から米マンハッタン計画への派遣団の団長となり、米国各地にある同計画の拠点を転々としたあげく、ニューメキシコ州ロスアラモスへ家族とともに引っ越します。そこで、ロスアラモス拠点の責任者としてマンハッタン計画の中核にいたグローブス中将の腹心の友となります。チャドウィックは連合国側には原爆をつくる必要があったと信じてはいましたが、1948年にイギリスに帰国したときには、マンハッタン計画に代表される巨大で工業化された科学にはすっかり幻滅していました。

49

核分裂と核融合

Nuclear Fission and Nuclear Fusion

［1942年］

わたしたちは、物事が決まった通りに起きることに慣れています。重い物は下に落ち、上には行きません。紙など一部の材質は簡単に燃えますが、他の材質は簡単には燃えません。核分裂と核融合はそれほど見慣れてはいないでしょうが、次の一般原則が当てはまるのは一緒です。「1つの複合体（重い物、紙、原子核）は変化によって自らのエネルギーを減らせるときだけ、決まった通りに変化する（落ちる、燃える、変質する）」。この一般原則は核分裂と核融合を理解する助けになります。前者は、原子力発電所で起きるときはゆっくりとエネルギーを放出し、原子爆弾では一気に放出します。後者の生み出すエネルギーは太陽からわたしたちに届き、水素爆弾では爆発的に解放されます。

アーネスト・ラザフォードの金箔実験（1912年）により、原子の持つすべてのプラス電荷とほとんどの質量は直径数

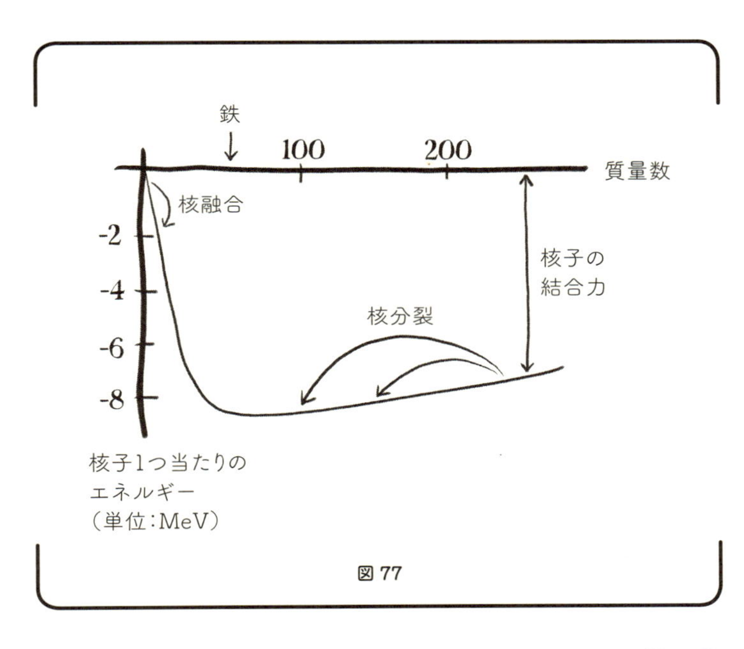

図 77

フェルミ（1フェルミは10^{-13}cm）の非常に小さい原子核に集中していることがわかっています。いまのわたしたちが考える原子核像、陽子と中性子が球状に配置されている姿は1932年までに登場しました。各陽子がプラス電荷を持つのに対して中性子は電荷を持たず、質量は陽子よりごくわずかに大きいだけです。したがって、原子核にある陽子の数が電荷の値を決め、原子核にある陽子と中性子（両者をまとめて**核子**と呼びます）の合計数が質量を決めます。ここで1つの疑問が生まれます。同じ電荷は距離が近いほどより強い力で反発し合うというのに、原子核にある陽子はなぜバラバラに飛び散らないのでしょうか——。陽子同士の反発力よりも強い、何か引き付け合う力が核子を1つにまとめているのは明らかです。物理学者はこの力を**強い核力**と呼びます。

静電気力による陽子間の斥力（反発し合う力）と強い核力による核子間の引力（引き付け合う力）との綱引きによって、原子核のサイズ、構成、そして安定性が決まります。この綱引きが興味深いのは、競合する2つの力の性質が違うからです。核子の間に働く引力は強いながらも効果範囲が狭いのです。2つの核子が数フェルミの距離にあるとき、お互いを引き付け合う強い核力はどんな静電気力の斥力よりも圧倒的に強いのです。ところが2つの核子が数フェルミより遠くに離れると、強い核力による引力は消え失せます。つまり強い核力は、1つの核子とそのもっとも近くに隣接する複数の核子との間にしか作用しません。これと対照的に、2つの陽子の間に働く静電気力による斥力は、互いが離れるにつれて少しずつ弱まります。その強さは、太陽と地球の間に働く重力と同じように、お互いの距離の2乗に反比例するからです。静電気力は重力と同じで効果範囲が広いといわれています。

さてここで、すでに十分に大きくて重い原子核にさらに1つずつ陽子を増やしていくところを想像してみましょう。陽子の数が増えるにつれて、すべての陽子間に働く静電気力による斥力の合計はどんどん増えていきます。しかし強い核力によって、1つの核子（陽子または中性子）はもっとも近くで隣り合う核子たちとくっついたままでいられます。だからこそ、原子核がいくつまで陽子を持てるかには自然と上限があるのです。92個の陽子を持つウラニウムがこの境界線上にいます。93個以上の陽子を持つ原子核は不安定になります。

一方、軽めの原子核の安定性についてもこの綱引きで説明できます。というのも、軽い原子核は陽子の数が少なく、それらの間に働く静電気力による斥力の合計は、隣接する核子の間に働く強い核力による引力に比べれば相対的に弱いのです。さらにいえば、水素原子核（陽子1つで中性子ゼロ）、ヘリウム原子核（陽子2つと中性子2つ）、リチウム原子核（陽子3つと中性子4つ）は比較的小さく球状に近い形をした原子核ですが、その核子はすべて原子核の表面に接するように配置されています。このため、他の核子に完全に取り囲まれるように隣接している場合と比べ、これらの核子が互いに引き合う力は弱めです。こうした軽い原子核に次々に核子を加えていけば、それぞれの核子に隣接する核子が増えることになるため、原子核全体での結び付きは強くなります。軽い原子核と重い原子核の中間に位置し、56個の核子を持つ鉄の原子核がもっとも安定しています。

さらに、静電気力による斥力と強い核力による引力との綱引きは、エネルギーの獲得と喪失という観点から考えることもできます。たとえば丘を転がり落ちる岩を考えてみましょう。「岩と地球の系」として見れば、最初の状態より最後の状態のほうが系の持つエネルギーは少なくなっています。「失われた」エネルギーは、岩が転がり落ちるときに岩の運動エネルギーとして系の外に解放されました。その運動エネルギーは最終的に岩と丘に熱エネルギーを与えるわけです。

同じように、原子核を「核子の系」として見れば、それぞれが分かれる（核分裂）またはくっつく（核融合）前の状態よりもそうなった後の状態のほうがエネルギーは少なくなります。核分裂でも核融合でも核子の数は前後で変わらないので、核子1つ当たりのエネルギー量は前の状態より後の状態のほうが少なくなります。失われた各核子のエネルギーは、核分裂や核融合の結果生じた原子核の運動エネルギーとして、また高エネルギー電磁放射として解放されます。

この間の物理現象を簡潔に示したのが**図77**で、**結合エネルギー曲線**と呼ばれます。縦軸には、水素からウラニウムまでさまざまな原子核の核子1つ当たりのエネルギーをとり、核エネルギーの単位として一般的なMeV（100万電子ボルト）で示しています。横軸にはその原子核の**質量数**、すなわちその原子核にある核子の数をとっています。図左側にある矢印のついた1本の曲線は、まったく同じ2つの軽い原子核同士の核融合です。図右側にある矢印のついた2本の曲線は、1つの重い原子核の核分裂です。核融合でも核分裂でも、その結果生じる原子核の核子１つ当たりのエネルギーは以前より減っているので、原子核が分裂や融合する過程でエネルギーが失われ、その後の状態では核子の結合力がより強くなっています。核分裂や核融合で生まれた新しい原子核は以前より安定しています。

太陽の内部で起きている核融合は、究極的にはわたしたちの使うすべての非核エネルギーの源です。化石燃料、水力発電、風力発電、太陽光発電――みなそうです。しかし、軽い原子核２つによる核融合は、安定したウラニウムより重い（すなわち不安定な）原子核の核分裂ほど簡単には起きません。というのも、軽い原子核２つが融合するには静電気力による斥力を克服しなければならないからです。そのためには、２つの原子核を太陽内部のようなたいへんな高温状態でしか得られない速度でぶつける必要があります。一方で核分裂は、たとえば235個の核子を持つウラニウムや239個の核子を持つプルトニウムといった重い原子核がさらにもう１つ中性子を吸収したときに起こります。核分裂の結果、２つの原子核だけでなく、いくつかの中性子も同時に生じる場合、その中性子がそれぞれ次の核分裂を引き起こし、それら２次的な核分裂がさらにそれぞれ複数の核分裂を引き起こします。このようにして、核分裂の連鎖反応がひとりでに続いていくことになります。1942年12月２日には、エンリコ・フェルミの研究チームが核分裂の連鎖反応を引き起こしてそれを制御することに初めて成功しました。

核分裂・核融合の発見と利用は、核兵器の開発と密接に絡み合っています。その開発の歴史ドラマとして次のような数多くのエピソードがあります。米国とナチス・ドイツとソビエト・ロシアの三つどもえの競争、ロンドンの横断歩道での突然のひらめき［原爆開発のきっかけをつくったレオ・シラードの話］、女性物理学者とその甥っ子の物理学者がスウェーデンで過ごした休暇での議論から生まれた天啓［リーゼ・マイトナーとオットー・フリッシュの話］、ハンガリーからの亡命科学者たちの貢献、アインシュタインが署名したルーズベルト米大統領への手紙、シカゴ大学のサッカー場の地下につくられた原子炉、イギリスの奇襲部隊による（ナチス管理下にあった）ノルウェーの重水プラントの破壊、世間に隠された米国の巨大原子力企業、閉ざされた都市ニューメキシコ州ロスアラモスで素性を隠して暗躍したロシアのスパイ――。

数多くの本が、核兵器開発にまつわる興味深い科学的側面と人間ドラマを絡めて描いています。おすすめの2冊を挙げると『原子爆弾の誕生』（リチャード・ローズ著、紀伊國屋書店、1995年、原書は1987年）と“Nuclear Weapons: What You Need to Know”（ジェレミー・バーンスタイン著「核兵器：あなたが知っておくべきこと」、日本未訳、2007年）です。

地球規模の温室効果

Global Greenhouse Effect

［1988年］

地球は太陽の放射エネルギーを吸収し、そのエネルギーを波長の長い赤外線の熱エネルギーに変換し、その熱エネルギーを空に向けて再び放射しています。地球の大気はその再放射された熱エネルギーの一部を奪って地表に投げ返すことで、地表の温度を高めています。もし大気がなければ地表の温度はいまより低かったでしょう。このような加熱の仕組みは一般に**温室効果**と呼ばれていますが、本当の温室が内部を温める仕組みはこれと違います。温室は空気を循環させないことで内部の温度を上げています。

ここで、2つのモデルを比べてみましょう。「大気なし」モデル（**図78**）と「吸収・放射する大気」モデル（**図79**）です。2つを見比べることで、わたしたちの「地球規模の温室」がどんな働きをしているかわかります。地球は太陽光線を地表で受け、1平方メートル当たり平均で*W*ワッ

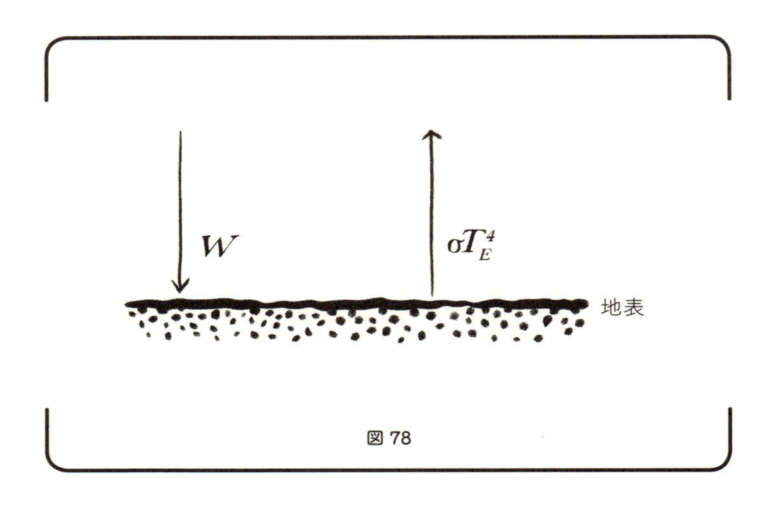

図 78

トのエネルギーを吸収しています。「大気なし」モデルでは、地球が太陽から受け取ったエネルギーをすべて宇宙へ放出すると考えます。すべての物体は温度Tのとき1平方メートル当たりσT^4ワットのエネルギーを放出するため、地球の表面温度の平均をT_Eとすると地球の放出するエネルギーは1平方メートル当たり$\sigma T_E^4(=W)$になります（ただしσは普遍定数）。したがって$T_E=(W/\sigma)^{1/4}$となり、この式にWとσの実数値を代入すればT_Eは絶対温度で254Kになることがわかります。摂氏でいえばマイナス19度、凍えるような寒さです。

しかし地球には実際は大気があります。この大気が地表から放出される熱エネルギーを吸収し、それを上方と下方とに再び放射します。その量は、大気の平均気温をT_Aと

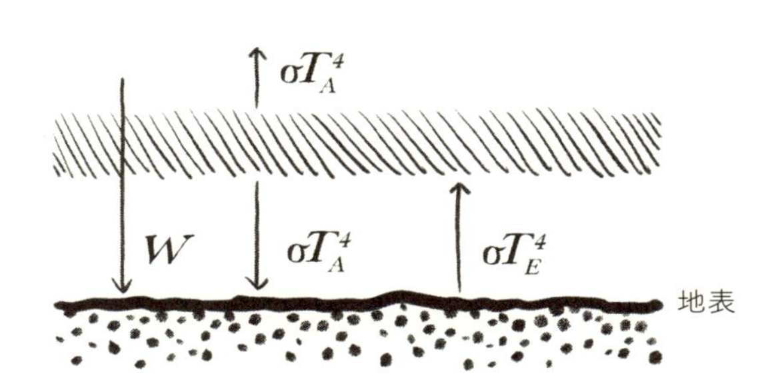

図 79

したとき1平方メートル当たりσT_{A}^4です。**図 79** はこの「吸収・放射する大気」モデルのエネルギーの流れを説明しています。要するに、地球とその大気はそれぞれが吸収したのと同じ量のエネルギーを放出しています。計算すればわかるように、このケースでは地球の表面の平均温度は「大気なし」モデルより割合にして$2^{1/4}$(≒1.19)倍、すなわち約19%増えています。この効果により地球の表面の平均温度T_{E}は絶対温度で302K、摂氏でいえば29度と温暖になります。現在、地球表面の実際の平均温度は摂氏14.8度で、「大気なし」モデルと「吸収・放射する大気」モデルとの中間にあります。どうやら地球の大気は地表が放射する熱エネルギーの一部分だけを吸収し、残りの部分は大気を通過しているようですね。

もちろん、このモデルは実際より単純化してあります。大気内部の変化は無視しているし、雲や雪による太陽光の反射の変化といった、気温に影響を与える他の要因も考えに含めていません。それでもこのモデルによって、熱エネルギーを吸収して再放射する大気の能力が、地球表面の温度を決める重要な決定要因であることがはっきりわかります。

ところで、わたしたちの大気というのは質量にして地球の100万分の1にも満たない薄い気体の膜にすぎません。その大気がどうしてこの赤外線放射を吸収し、再放射できるのでしょうか。その答えの大部分は、大気に含まれる二酸化炭素と水分の働きです。大気の成分はほとんどが窒素N_2と酸素O_2で、3番目に多いのがアルゴンAr、そして4番目が二酸化炭素CO_2です。水分H_2Oも含まれますが、その割合は一定していません。さらに他の気体も少量含まれます。ここで注目してほしいのは、大気の成分のなかでCO_2とH_2Oの分子はどちらも3つの原子からできている点です。たとえば二酸化炭素CO_2は1つの炭素原子(C)と2つの酸素原子(O_2)からできています。1つの分子を構成する原子の数が多いほど、分子構造が自由に動いて振動できる余地が増えるので、地表の温度に近い温度の物体からの熱放射に共振して吸収できるようになります。

人類は、大気に含まれるH_2Oの量には直接の影響を与えていませんが、大気に含まれるCO_2の量には、主に化石燃料を燃やすことによって直接の影響を与えています。産業革命以前、大気中のCO_2濃度は270ppm、すなわち0.0270%でした。これがいまでは400ppm（0.0400%）を超えています。わたしたちはより多くのCO_2を大気中に排出することにより、大気が熱放射を吸収する能力を高め、ひいては地表の平均気温を上げているのです。

大気中のCO_2分子の数を増やせば地球が温暖化することを初めて指摘したのはスウェーデンの科学者スヴァンテ・アレニウス（1859年〜1927年）で、1896年のことでした。彼は、そのような温暖化は概してよい変化であると考えました。将来の氷河期の到来を防ぐだろうし、農業に適した地表が増えるだろうと考えたからです。それから90年後の1988年、NASAゴーダード宇宙科学研究所ディレクターだったジェームズ・ハンセン（1941年〜）は米国議会の委員会において、地球温暖化の危険について警告する証言を行いました。

地球規模の温室効果の物理学的な仕組みは単純ですが、その結果起きる地球温暖化という現象は単純ではありません。たとえば大気は温度が上昇すると多くの水蒸気を含むことができるようになります。もちろんこれは温暖化の効果をさらに高めるのですが、一方で大気中のH_2Oが多ければ雲におおわれる面積が増え、雲は太陽光を反射するのである程度は温暖化を緩和します。当然ながら、わたしたちは地球規模の気候システムの実験はできません。いやむしろ、やり直しのきかない1回かぎりの実験をしていると言ったほうがいいかもしれません。

ハンセンの証言以降、気象学者たちは多くのデータを集め、気候変動に関する物理学も取り込んで複雑な数値モデルをつくり上げてきました。彼らはそのモデルを使った予測結果を、独立系研究者チームのつくったモデルの予測結果や過去のデータと照らし合わせて検証し、予測結果の不確実性がどの程度なのか数値化しました。その結果は、アレニウスのバラ色の予測よりもハンセンの警告を裏付けるものでした。地表の温度は警戒すべきペースで上がっており、その主な原因は人間の活動なのです。

しかし、この結論に反対する人もいます。米上院環境・公共事業委員会の2015年の委員長でオクラホマ選出の上院議員ジェームズ・インホフは、洪水の後で神がノアと交わした約束の言葉「地のあるかぎり、種まきのときも、刈入れのときも、暑さ寒さも、夏冬も、昼も夜もやむことはない（創世記8:22）」を引用しつつ、人類が地球の気候を変えられると信じるのは傲慢だと主張しています。*[75] 確かに傲慢さは科学者につきものの職業病かもしれません。何しろ科学者というのはいつの世も変わらず、自然現象は必ず解明できると信じていますから。その信念がときには傲慢へとエスカレートするのです。

とはいえ、神の思し召しがしばしば守られないことをインホフは知るべきです。わたしたち人間は川や湖を台無しにしています。土地や空気を汚しています。他の種を絶滅に追い込んでいます。この先、もっとひどいこともするでしょう——ただし、神のお恵みがあれば、わたしたちの将来の行いを改善できるかもしれません。インホフより道理の分かった神学者だった故ラインホルド・ニーバー（1892年～1971年）は、わたしたちに「変えられることと変えられないことを見分ける知恵、そして変えるべきことを実際に変える勇気」が得られるよう祈りなさいと訴えました。[*76]
まさにその通りで、変えられることと変えられないことの区別は、科学者の追い求める知識の大事な一部分を占めます。一方、わたしたち全員に必要なのは、変えるべきことを実際に変える勇気なのです。

51
ヒッグス粒子
Higgs Boson

［2012年］

わたしたちのなかには、歳を重ねるにつれて体重が増える人もいるでしょう。そうなると、次第に自分でそれを実感するようになります。「質量が増えたなぁ」とは思わないにしても「重くなったなぁ」とは思うでしょう。このように、自分の体重だか質量だかを感じるのは日常的なことなのに、次のような疑問を持つ人はおそらくほとんどいないと思います。「なぜすべてのものに質量があるのだろうか」「質量はいったいどこから来るのだろうか」——。

それに対する1つの答えは、アインシュタインの等式$E=mc^2$、またはこれと等価な$m=E/c^2$から得られます。エネルギーEを持つあらゆる物体は、E/c^2で得られるだけの質量mを持つからです。ではここで、1つの素粒子、たとえば電子の質量を考えてみましょう。電子が1つ、孤立して静止状態にあるとします。すなわち他の粒子とくっ

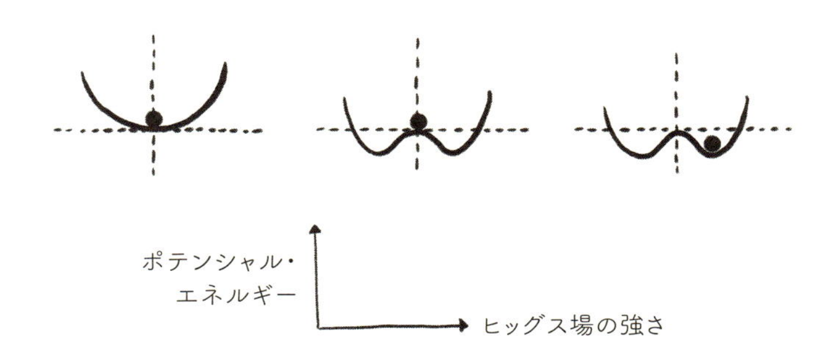

図 80

ついて何かの一部になっておらず、見た目には空間的広がりもなく、明らかなエネルギーも持たず、運動もしていない、そんな粒子です。それでもその1粒の電子は、9×10^{-28}グラムの**静止質量**を持つかのように振る舞います。そこで次のような疑問がわきます。「なぜ素粒子が静止質量を持つのだろうか」。もしくは次のように言い換えてもいいでしょう。「孤立して静止している素粒子になぜエネルギーがあるのだろうか」。

1930年以前、科学者は2つの素粒子しか知りませんでした。電子と陽子です。その後ジェームズ・チャドウィックが中性子を発見し、そのわずか後にヴォルフガング・パウリがさらにもう1つの素粒子ニュートリノが存在するはずだと推論しました。

現在では、陽子と中性子はそれぞれ3つの**クォーク**からできていることがわかっています。素粒子物理学の**標準モデル**に従えば、クォークは電子と同じように電荷と質量を持ち、空間的広がりを持たない素粒子です。電子とニュートリノも素粒子ですが、この2つはクォークとは違う**レプトン**と呼ばれるグループの素粒子です。光子はクォークともレプトンとも違う3つ目の素粒子グループに属します。

質量の**理論面**の考え方は、素粒子間に働く基本的な力を理論的に統一しようという長年の努力の産物として生まれました。まず19世紀中頃に、ジェームズ・クラーク・マクスウェルはマイケル・ファラデーの考えを土台に、別々だった電気と磁気の理論を1つの電磁気理論へと統一しました。これとまったく同じように、1960年代初頭には別々の理論だった電磁気理論と弱い核力が統一され、**電弱理論**という単独の理論になったのです。

電弱理論を組み立てる基礎となる大事な構成要素は、それぞれの力が属性として持つ対称性で、それには何種類かあります。**対称性**という属性は、他の属性が変化しても変わりません。たとえば、わたしたちは物理学の基本的法則が宇宙のどこであろうとも変わらないと信じています。これを物理学者ならこう言うでしょう。そうした法則は宇宙内での場所の移行に対して対称である、と。残念なことに、電弱理論はもっとも初歩的なものであってもこの対称性が組み込まれているため、すべての素粒子は静止質量がゼロでなければなりません。これが間違いであることをわたしたちは知っています。なぜなら、光子のように質量がゼロの素粒子もありますが、電子のように質量を持つ素粒子もあるからです。

では、電弱理論のもっとも初歩的な説明をどのように修正すれば、一部の素粒子が質量を持てるようになるのでしょうか。1つの方法は、この宇宙に**ヒッグス場**を持たせることです。ヒッグス場が素粒子と相互作用することでその素粒子に質量を与えるのです。

このようにして質量を獲得する仕組みは、「群衆をかき分けながら前に行こうとする有名人が何度も立ち止まっては握手をしたり、褒め言葉をかけられたり、写真用のポーズをとる様子」にたとえられることもあります。有名人（一部の素粒子）は群衆（ヒッグス場）と強く相互作用するため、その有名人は質量——でなければ、一種の質量のような野次馬たち——を身にまといます。これと対照的に、無名の人なら同じ群衆をかき分けて進んでも相互作用はまったく起きず、まるで「有名人質量」を持っていないかのように見えます。クォークとレプトンは程度はさまざまですがすべてヒッグス場と相互作用するため、さまざまな量の質量を獲得します。一方、光子はヒッグス場と相互作用しないため静止質量を持たず、光速で移動できます。

ヒッグス場とヒッグス機構は、それがなければ質量ゼロになってしまう粒子に質量を与えることで、電弱理論がすでに知られている素粒子の静止質量と矛盾しないようにし、また、わたしたちが質量について感じる日常感覚ともズレがないようにしてくれました。2012年、スイスのジュネーブにあるCERN(欧州原子核研究機構)の大型ハドロン衝突型加速器において、ヒッグス場に固有の励起(高エネルギー状態への移行)であるヒッグス粒子が観測されました。

どうやら、この宇宙はできて間もない頃、ヒッグス場のない状態からヒッグス場のある状態へと変化したらしいのです。この変化は、**図80**の中央および右側に描かれた「メキシカン・ハット」型のポテンシャル(基本的な力を表します)が現れたことで引き起こされました。図で黒丸の横位置が表すのは、この宇宙におけるヒッグス場の強さです。この黒丸は最初、**図80**左側のように真ん中で静止しています。これはヒッグス場が存在しないことを表します。ところがメキシカン・ハット型のポテンシャルが登場すると(**図80**中央)、宇宙は一瞬だけ不安定な状態になります。続いて宇宙はヒッグス場がゼロでないまま安定状態に移行します(**図80**右側)。この図が示すのは、最初はメキシカン・ハット型ポテンシャルの頂点にいたビー玉が転がり落ちて、頂点と上を向いたつばとの間の谷間に落ち着く様子です。このようにして、メキシカン・ハット型ポテンシャルで表される基本的な力は対称性を保ったまま、黒丸の位置で表される宇宙の状態はこの対称性を「破る」ことができるのです。

ピーター・ヒッグス（1929年～）とフランソワ・アングレール（1932年～）は２人で2013年度ノーベル物理学賞を受賞しました。受賞理由は1964年にヒッグス場を考え出してヒッグス機構を理論的に記述し、ヒッグス粒子の存在を予測したことです。まるでピーター・ヒッグス１人の功績であるかのようにこれらの発見に彼の名前が付けられたことで、ヒッグス本人はおそらく当惑しているでしょう。彼がノーベル賞にふさわしいのは間違いないとはいえ、独自の研究によってほぼ同じ時期にヒッグスと同じ結論に至った理論物理学者はほかにも数人いたからです。

おわりに

Afterword

「絵に描けて目で見られるもの」――この基本方針を頼りに、わたしは本書の51のテーマを選びました。月の満ち欠けといった古い時代のテーマにはこの方針が大いに役立ったのですが、地球温暖化やヒッグス粒子など新しい時代の視覚化が難しいテーマでは、この方針は地中の根のように目立たなくなりました。ほかにも確率分布やブラックホール、カオス理論、量子もつれ、重力波など、20世紀から21世紀にかけての物理学に貢献した重要なテーマはいくつもありますが、わたしが簡単にイラストで表現できなかったため、最終候補には残りませんでした。とはいえ、物理学を見る新しい視点を考え出そうとするわたしたちの情熱によって、こうしたテーマもいずれ視覚化され「見て理解」できるようになると確信しています。

本書『物理2600年の歴史を変えた51のスケッチ』

は個別のエッセイを集めたものです。このため、個々のエピソードのつながりはおそらくパッと見てもわからないでしょう。たとえば、ヒッグス粒子の存在を予測した理論物理学者たち（第51章）はエンリコ・フェルミの開拓した手法を土台にしました。そのフェルミはベータ崩壊（第47章）のモデルを考える過程で、素粒子とその基本的な力が働く「場の理論」の原型を編みだしましたが、この理論は1865年のマクスウェルの電磁気理論（第37章）と1905年のアインシュタインの特殊相対性理論に負う部分が大きいのです。さらに、マクスウェルの電磁気理論はファラデーの考えた電気力線と磁力線（第36章）を組み込んでおり、アインシュタインの特殊相対性理論はガリレオの考えた相対性を一般化したものです。そのガリレオが相対性を取り込んだ運動学（第20章・21章）で頼りにしたのは、当時から50年前のシモン・ステヴィンによる自由落下の観察（第15章）と1000年前のジョン・ピロポノスによる自由落下の観察（第10章）、それに加えてオレームとマートン学派が生み出した幾何学の言葉（第12章）でした。そのピロポノスは自分の観察結果からアリストテレスの考えた運動理論（第5章）を批判しましたが、アリストテレスはやはり同じようにタレスの世界観（第1章）を批判していました。このほかにも、先人の知恵と解釈を足場に次々と知識の編み糸をつないでいった足跡を、本書の51編から見つけることができるでしょう。

タレスからヒッグスに至る2600年の歴史——経験科学に属する学問のなかで、これほど長期にわたる知識の伝統を誇ることができるのは物理学と天文学だけです。また、目に見える視覚の世界にこれほど強く訴えかけてくる学問はほかにはありません。2600年の伝統の象徴であるイラストと、それにまつわる人間と歴史のドラマ。それが本書の中身です。

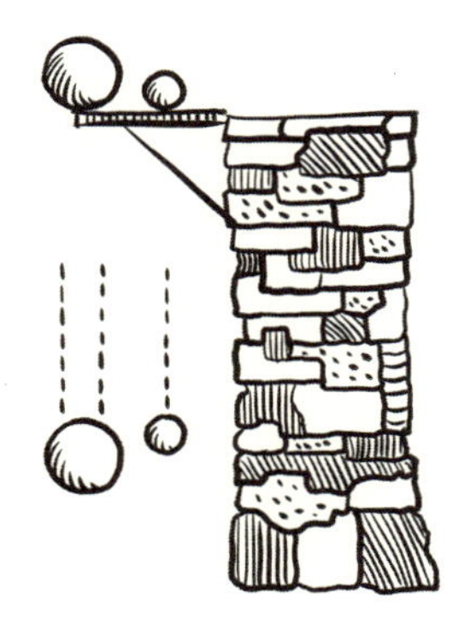

謝辞

Acknowledgments

父である故レベレンド・ウィシャード・F.レモンズが生きていれば、彼が読んでもいいと思える本をついに私が書きあげたことに満足してくれただろう。この世を去ったもう1人の大事な人、友人であり、文学者であり、中世研究者だったアントニー・ギシエルは、本書に中世物理学のエッセイを含めるよう勧めてくれた。ウィシャードとトニーが永遠に記憶されんことを！　この2人と幼き孫のアベルとエミールに本書を捧げる。

他にも感謝したい友人と家族がいる。ガレン・ギスラー、クリスチーナ・ゴア、クラーク・レモンズ、リック・シャナハン、デイビッド・ワトキンス。あなたたちが草稿を読み批評してくれたことでよりよい本になった。レオナルド・ダ・ビンチについての章のきっかけとなったのは、ルネッサンスの歴史に関するダン・ユマンスキーの講義だった。ジェレミー・バーンスタインはアインシュタインに関する私の疑問に答えてくれた。テレンス・フィギー、ホルガー・メイヤー、ニック・ソロメイはヒッグス粒子について助言してくれた。

ニューメキシコ州サンタフェのセント・ジョンズ・カレッジで開かれた研究会に参加したことがきっかけで数々の原典を読むようになり、それが本書の多くのエッセイの土台となった。カンザス州ノースニュートンにあるベセル・カレッジの自然科学セミナーで本書の草稿を公開し、反応を得られたことは大いに役に立った。

以前の私の著書の編集者であり、本書に関しても優れた助言をしてくれたのはトレバー・リップスコームだ。わたしの代理人、ジョン・ソーントンは本書をMITプレスから出版する話をまとめてくれた。トレバー、ジョン、そしてMITの有能な担当者のみなさんにもお礼を申し上げる。さらに、ジェシー・グレイバーよりも本書にふさわしいイラストレイターはいなかったと確信している。

これまでの数十年間に私の先生や指南役を務めてくれたのは、ロバート・アームストロング、ハロルド・ダウ、ピーター・ガリー、マイケルE.ジョーンズ、ロバート・ローマー、ダン・ウィンスキである。彼らがさまざまなかたちで助けてくれたおかげで、本書の執筆という仕事に備えることができた。物理学者であり長年の友人ビル・ピーターにも心から謝意を捧げる。

最後に、長年連れ添った愛妻アリソンに大いなる感謝を。彼女は私の執筆の日々を支え、草稿に鋭い批評を与え、本書の価値を高める数々の提案をしてくれた。

解説

by Hitoshi Murayama

この本の原書『Drawing Physics』のカバーを見てにやりとしました。コップの跡がついた紙ナプキンの上に、ピロポノスの自然落下のスケッチが描かれています。これはまさにわれわれ物理学者がよくやること。喫茶店やレストランで集まると、ああじゃないかこうじゃないかと描き始めるんです。ギリシャ時代には紙ナプキンはありませんでしたが、何か身の回りにある絵に描ける概念を使って考えるという営みは、タレスやアリストテレスの時代から変わっていないのです。

物理学者は最終的には法則を数学の言葉にするわけですが、そこに行く前にこういうことはいつもやっているんです。目に見えないX線や物質波、ニュートリノやヒッグス粒子などが実際に存在するのか、その振る舞いにはどんな法則が当てはまるのか、といったこともまずは描いて考える。

実際は、絵を描きながら常に数式を頭に思い浮かべています。たとえば、ヤングの２重スリット（第32章）の絵は、三角関数の足し算ですね。また、ド・ブロイの物質波（第45章）の絵は波動方程式を表しています。電子の持つ波の性質を表すものですが、バイオリンの弦の振動を表す数式もこれと同じです。ひとつの考え方や式がいろんなものに当てはまるというところが物理学の醍醐味でもあります。

ほかにも光電効果（第38章）、ブラウン運動（第39章）、ラザフォードの金箔実験（第40章）、ヒッグス粒子（第51章）などは、この絵を描かずしては物理の授業にならないというくらい定番の絵が紹介されています。それからちょっと変わったところでは、ガリレオが描いたという大小２本の骨の絵が出てきますね（第22章）。この絵が表しているスケーリングという考えは、非常に重要で、宇宙の話にも物質の話にも素粒子の話にも出てきます。金属に電気を流す場合、３次元空間だといくら大きなものでも問題ないのですが、たとえば金属板のような２次元のものだと、大きくしていくとどこかで電気が流れなくなる。何かをどんどん大きくしていくとその性質がどう変化するかというのも、数式で表せます。この場合は微分です。

ただ、時代が下って現代に近づくにつれて、新しい理論を単純な絵で描くのはなかなか難しくなります。そういう理由でアインシュタインの特殊相対性理論なども入っていないのでしょう。

わたしも物理を専門に学んでいない一般の人向けに、宇宙の話などをする機会がよくあります。写真や絵はもちろん、身近なたとえ話もよく使います。たとえば、LHC（大型ハドロン衝突型加速器）という巨大な設備で何をしているかということを説明するときに、「加速した陽子同士を高エネルギーで正面衝突させて素粒子反応を実現する」と言ってもよくわからないと思うので、「豆大福同士をビシャッとぶつけると皮がやぶれてあんこが出てくるでしょう。そのあんこの中の小豆が何粒かぶつかる様子を観察する装置です」などとよく説明します。ヒッグス粒子が冷えて宇宙に秩序が生まれたということを説明するときは、「勝手に動き回っている幼稚園児をきちんと座らせるような役割をしているのがヒッグス粒子です」というたとえ話をしたりもします。暗黒物質（ダークマター）が宇宙のお母さんでニュートリノがお父さんである（かもしれない）、という話もしますね。暗黒物質があったおかげで星とか銀河ができてわれわれが生まれました（だからお母さん）。そしてわたしたちをつくる物質を完全消滅から救ってくれたのがニュートリノだといわれています（だからお父さん）。ちょっと難しい話になりますが、宇宙ができたとき物質と反物質が１：１になっていたら「対消滅」という現象で何もなくなっていたはずなんですね。それが10億分の１だけ物質のほうが多かったので消滅しなくてすみました。そのわずかな不均衡をもたらしたのがニュートリノではないかといわれています。こうした説明は、本来数式で書かれているものを、視覚的・感覚的にわかる言葉に翻訳しているつもりなのです。

この本は、物理や数学に馴染みのない人向けに絵という手段を用いて、数式を使わないで重要な概念を説明しようと試みたものですが、やはり本当に物理をわかろうと思ったら、数学は必要です。

数式というのは考えれば考えるほどすごいものです。わたしたちが日頃使っている言葉は日常生活のなかで生まれたものですから、日常でないものを説明するには不向きです。でも、数式を使うと日常でないもの、目で見えないことも表現できる。人間がつくり出した数式が、人間が知らなかったことや経験したことがないものを記述するときに役に立つというのは考えてみればとても不思議なことです。ノーベル賞物理学者のユージン・ウィグナーいう人はそのことについて「数学の説明不可能な有用性（The Unreasonable Effectiveness of Mathematics in the Natural Sciences）」という論文まで書きました。

その数学という言葉なしに物理の概念を説明するのは、じつはかなり難しいことなのです。絵で見たとしてもその難しさは変わらないでしょう。物理学者にとっては絵と数式はいつもセットで、絵だけ切り離すことはできません。数式が苦手な人のために絵で解説するという試みが、逆に数式のすごさを物語っているというのは、ちょっと皮肉な結果かもしれません。

とはいえ、それで本書の面白さが減じられるとは思いません。この本には、古代から現代に至る物理学の歴史のなかで、なぜそれを理解したいと思ったのか、どんな苦労があったのかという人間のストーリーが書き込まれています。これは物理学の教科書にも歴史の教科書にも丁寧に書かれてはいないところです。いきなり○○の法則とか、△△の方程式といったことを教わっても、それこそ数学の苦手な人にとっては何の興味もわかないでしょう。でも、その数式にたどり着くきっかけや過程がわかれば、物理の面白さを感じてもらえるかもしれない。

歴史を変えるほどの理論も、ありふれた現象に対して「なぜだろう」と感じることから生まれています。その「なぜだろう」がときに何百年という年月をかけて説き明かされるのが物理のもう1つの醍醐味でもあります。

本書にはファラデーの考えた力線をマクスウェルが方程式にした話が出てきますが、アインシュタインも相対性理論を編み出すときにエルンスト・マッハという人の書いたものをずいぶん参考にしたようです。おそらく本人同士は会ったこともないと思いますが。

わたしはとくに、本書の古代と中世の物理学者たちの話を面白く読みました。物理学は、既存の理論、つまり数式の応用範囲を広げてより普遍的な理論にしていくという学問でもあるので、過去の物理学者の業績については知っておかなくてはなりませんが、さすがに1000年前、2000年前までは授業ではやりません。

この本で初めて知ったこともありました。たとえば第10章に出てくるピロポノス。5世紀末から6世紀の人ですが、重い物体ほど速く落下するとしたアリストテレスの考え方を否定していた。自由落下といえば、ガリレオがピサの斜塔で行ったといわれる（本当に行ったわけではないそうですが）実験が有名ですが、その1000年も前に同じことを考えていた人がいたのですね。視力の工学的仕組みを考えたイスラム人のアルハゼンについても知りませんでした。

夏至の日に井戸の底まで太陽光が届くことを利用して地球の大きさを測ったエラトステネスの話は知っている人もいるでしょう。紀元前3世紀の人です。では彼がどう考えてどうやって測ったのか、何に苦労したのかということになると、たいていの人は知らないと思います。驚くのは、彼が測定結果が不正確であろうことも認識していて、その不正確さの程度を数値化しようとしていたということです。そう、「誤差」について考えていたのです。この時代に誤差の概念を持っていて、しかもその誤差が17%だったというのは大したものです。宇宙の膨張がどのくらいの速さなのかもつい10年前くらいまでは誤差が50%もありました。技術的に測るのが難しいものはあるわけですが、それを誤差として認識しているということが大事なのです。ただ、誤差を縮めていくには測定の技術も発達していかなくてはならないし、解釈する理論も深化していかなくてはなりません。

物理学者が理論を考えるとき、突然新しいものを思いつくのではなく、いままで見たものを応用します。現象はいったん数学の言葉、すなわち数式になり、その数式が別のものに応用されます。その過程で生まれるのがここで紹介されているような絵です。絵として表現することで、その背後にある数式や概念が説明しやすくなる。そしてすべての絵が数式になるのが物理学なのです。

村山 斉
カリフォルニア大学バークレー校教授
東京大学国際高等研究所カブリ数物連携機構機構長

原注

[Part1] 古代 | 1～9章

1) Nahm, Selections from Early Greek Philosophy (1964), 143.
2) Nahm, Selections from Early Greek Philosophy (1964), 70.
3) Curd, A Presocratics Reader (2011), 97.
4)『古代・中世科学文化史』ジョージ・サートン（岩波書店、2002年）
5) 同上
6)『ユークリッド原論』エウクレイデス（共立出版、1971年）
7) 同上
8) From "Euclid Alone Has Looked on Beauty Bare" by Edna St. Vincent Millay, in Salter, Ferguson, and Stallworth, eds., Norton Anthology of Poetry (2005), 1383.

[Part2] 中世 | 10～13章

9)『近代科学の源をたどる ―先史時代から中世まで―』D.C.リンドバーグ（朝倉書店、2011年）

[Part3] 近代初期 | 14～31章

10)『天体の回転について』コペルニクス（岩波書店、1953年）
11) 同上
12)『ファインマン物理学』ファインマン、レイトン、サンズ（岩波書店、1967年）
13) Drake, Discoveries and Opinions of Galileo (1957), 50–51.
14) Drake, Discoveries and Opinions of Galileo (1957), 57.
15) Drake, Discoveries and Opinions of Galileo (1957), 57.
16) Sobel, A More Perfect Heaven (2011), 211.
17) Sobel, A More Perfect Heaven (2011), 211.
18) Drake, Discoveries and Opinions of Galileo (1957), 5.
19)『新科学対話』ガリレオ・ガリレイ（岩波書店、1995年）
20) 同上

21) 同上
22) "relinquish altogether the said opinion …（「太陽こそが世界の…」）" and "to hold, teach, or defend it in any way …（「口頭であれ文章であれ…」）" Crombie, Medieval and Early Modern Science (1959), vol. II, 212–213.
23)『新科学対話』ガリレオ・ガリレイ（岩波書店、1995年）
24) 同上
25) Evangelista Torricelli in a letter to Michelangelo Ricci as excerpted in Boynton, The Beginnings of Modern Science (1948), 227.
26) Blaise Pascal in The Great Experiment on the Weight of the Mass of the Air in Boynton, The Beginnings of Modern Science (1948), 231–241.
27) 表の数値の出所は、Boynton, The Beginnings of Modern Science (1948), 246ページで引用されたボイルの論文『空気の弾性と重さに関する学説の弁論（A Defense of the Doctrine Touching the Spring and Weight of Air)』から。
28) Wojcik, Robert Boyle and the Limits of Reason (1997), 13.
29) Wojcik, Robert Boyle and the Limits of Reason (1997), 13.
30) 若きニュートンに強力な後ろ盾がいたはずだというウェストフォールの考えについては、『アイザック・ニュートン』（平凡社、1993年）を参照。
31) Boynton, The Beginnings of Modern Science (1948), 148–156ページで引用されているニュートンの論文「光と色 についての新理論（A New Theory of Light and Colors)」のなかでニュートンはこの実験を「決定実験」(experimentum crucis）と表現している。
32)『アイザック・ニュートン』ウェストフォール（平凡社、1993年）
33)『科学の名著　第II期10 ホイヘンス：光についての論考他』（朝日出版社、1989年）
34) イタリアの物理学者バスコ・ロンチによれば、ホイヘンスは光が回折することを光の性質を考える際の根拠にしなかったという。なぜなら二次波が包絡面の強さにどれだけ影響を与えているか定量化できなかったからだ。詳細は、Ronchi, The Nature of Light (1970), 202.

[Part4] 19世紀 | 32～37章

35) Young, A Course of Lectures on Natural Philosophy and the Mechanical Arts (1845), Lecture XXXIX, 370.
36) "Sketch of Dr. Thomas Young" (1874), 360.
37) Boynton, The Beginnings of Modern Science (1948), 320.
38) Dibner, Oersted and the Discovery of Electromagnetism (1962), 75.

39)『ワーズワース詩集』（岩波書店、1966年）
40)『カルノー・熱機関の研究』サジ・カルノー（みすず書房、1973年）
41) 同上
42) Boynton, The Beginnings of Modern Science (1948), 195.
43) Boynton, The Beginnings of Modern Science (1948), 198.
44)『神は老獪にして…：アインシュタインの人と学問』アブラハム・パイス（産業図書、1987年）
45) "The Physical Character of the Lines of Magnetic Force (1852)." Fisher, Faraday's Experimental Researches in Electricity (2001), 563–599.
46) Fisher, Faraday's Experimental Researches in Electricity (2001), 563.

[Part5] 20世紀以降 | 38～51章

47) Stuewer, The Compton Effect (1975), 43.
48) Holton and Brush, Physics, the Human Adventure (2001), 401.
49) 1922年度ノーベル賞からの引用
50)『神は老獪にして…：アインシュタインの人と学問』アブラハム・パイス（産業図書、1987年）
51) 一般にブラウン運動は、これを徹底的に調べたロバート・ブラウンが1827年に発見したものとされている。しかし、1785年にヤン・インゲンホウスはアルコールに浮かんだ炭塵の粒子がブラウン運動するさまをきわめて明確に描写している。
52)『アインシュタイン・ボルン往復書簡集―1916-1955』（三修社、1976年）
53) Schilpp, Albert Einstein; Philosopher-Scientist (1949), 163–164.
54) Schilpp, Albert Einstein; Philosopher-Scientist (1949), 177.
55) Keller, The Infancy of Atomic Physics (2006), 9.
56) Pais, Inward Bound (1986), 189.
57) Pais, Inward Bound (1986), 39.
58) Pais, Inward Bound (1986), 39.
59) 1914年度ノーベル賞からの引用
60) 1914年度ノーベル賞からの引用
61)『ニールス・ボーアの時代：物理学・哲学・国家（1、2)』アブラハム・パイス（みすず書房、2012年）
62) Salter, Ferguson, and Stallworth, eds., Norton Anthology of Poetry (2005), 1386ページに引用されたオーエンの詩 "Anthem for Doomed Youth" より
63)『神は老獪にして…：アインシュタインの人と学問』アブラハム・パイス（産業図書、

1987年）

64）同上

65）Stuewer, The Compton Effect (1975), 217–218.

66）『シュレーディンガー　その生涯と思想』W. ムーア（培風館、1995年）

67）1929年度ノーベル賞からの引用

68）Payne-Gaposchkin, An Autobiography and Other Recollections (1997), 209.

69）Pais, Inward Bound (1986), 113.

70）Dirac, "Quantum Mechanics of Many-Electron Systems," 714.

71）Solomey, The Elusive Neutrino (1997), 14.

72）Solomey, The Elusive Neutrino (1997), 65.

73）Schweber, Nuclear Forces (2012), 220.

74）1935年度ノーベル賞からの引用

75）ジェームズ・インホフ上院議員の巧みな言い回しについては、たとえばニューヨークタイムズ紙2014年11月12日付け紙面を参照。

76）一般にラインホルド・ニーバーの作とされ、あちこちで引用されつつ書き換えられている「平静の祈り」(Serenity Prayer)の普及版から引用した。

参考文献

- Archimedes. *The Works of Archimedes*. Edited and translated by T. L. Heath. New York: Dover Publications, n.d.
- Arrhenius, Svante. "On the Influence of Carbonic Acid in the Air upon the Temperature of the Ground." *Philosophical Magazine and Journal of Science*, 5th ser. (April 1896): 237–276.
- Bernstein, Jeremy. *Nuclear Weapons: What You Need to Know*. Cambridge: Cambridge University Press, 2007.
- Boynton, H., ed. *The Beginnings of Modern Science*. Roslyn, NY: Walter J. Black, Inc, 1948.
- 『カルノー・熱機関の研究』サジ・カルノー（みすず書房、1973年）
- 『天体の回転について』コペルニクス（岩波書店、1953年）
- Crombie, A. C. *Medieval and Early Modern Science*, 2 vols. Garden City, NY: Doubleday Anchor, 1959.
- Curd, Patricia, ed. *A Presocratics Reader: Selected Fragments and Testimonia*. 2nd ed. Translated by Richard D. McKirahan. Indianapolis, IN: Hackett Publishing, 2011.
- Dibner, Bern. *Oersted and the Discovery of Electromagnetism*. New York: Blaisdell Publishing Company, 1962.
- Dirac, P. A. M. "Quantum Mechanics of Many-Electron Systems." *Proceedings of the Royal Society of London*. Series A 123 (1929): 714.
- Drake, Stillman. *Discoveries and Opinions of Galileo*. New York: Doubleday, 1957.
- Dreyer, J. L. E. *A History of Astronomy from Thales to Kepler*, chaps. XIV–XV. New York: Dover Publications, 1953.
- Einstein, Albert. *Albert Einstein: Investigations on the Theory of the Brownian Movement*. Edited by R. Furth. Translated by A. D. Cowper. New York: Dover Publications, 1956.
- Einstein, Albert. "Concerning an Heuristic Point of View toward the Emission and Transformation of Light." *American Journal of Physics* 33 (5) (May 1965): 1–16. Originally published in *Annalen de Physik* 17 (1905): 132–148.

＊上記２本の論文は『アインシュタイン論文選：「奇跡の年」の５論文』（筑摩書房、2011年）

に収録されている。
■『アインシュタイン・ボルン往復書簡集―1916-1955』（三修社、1976年）
■『ユークリッド原論』エウクレイデス（共立出版、1971年）
■『ファインマン物理学』ファインマン、レイトン、サンズ（岩波書店、1967年）
■ Fisher, Howard J. *Faraday's Experimental Researches in Electricity: Guide to a First Reading*. Santa Fe, NM: Green Lion Press, 2001.
■ Fisher, Irene. "Another Look at Eratosthenes' and Posidonius's Determination of the Earth's Circumference." *Quarterly Journal of the Royal Astronomical Society* 16 (1975): 152–167.
■『新科学対話』ガリレオ・ガリレイ（岩波書店、1995年）
■ Gillespie, C. C., ed. *Complete Dictionary of Scientific Biography*. Detroit, MI: Charles Scribner's Sons, 2007.
■『ニュートンの海　万物の真理を求めて』ジェイムズ・グリック（日本放送出版協会、2005年）
■『中世の自然学』エドワード・グラント（みすず書房、1982年）
■ Gullen, Michael. *Five Equations that Changed the World*. New York: Hyperion, 1995.
■『大学の起源』チャールズ・ホーマー ハスキンズ（八坂書房、2009年）
■『復刻版ギリシア数学史』T.L. ヒース（共立出版、1998年）
■ Holton, Gerald. *Introduction to Concepts and Theories in Physical Science*. Cambridge, MA: Addison-Wesley, 1953.
■ Holton, Gerald and Stephen G. Brush. *Physics, the Human Adventure: From Copernicus to Einstein and Beyond*. New Brunswick, NJ: Rutgers University Press, 2001.
■『科学の名著　第II期10 ホイヘンス：光についての論考他』（朝日出版社、1989年）
■『50人の物理学者』I. ジェイムズ（シュプリンガー・ジャパン、2010年）
■ Keller, Alex. *The Infancy of Atomic Physics*. Mineola, NY: Dover Publications, 2006.
■ Lemons, Don S. *Mere Thermodynamics*. Baltimore, MD: Johns Hopkins University Press, 2008.
■『近代科学の源をたどる ―先史時代から中世まで―』D.C. リンドバーク（朝倉書店、2011年）
■ Magie, William Francis. *A Source Book in Physics*. New York: McGraw-Hill Book Company, 1935.
■ Mahon, Basil. *The Man Who Changed Everything*. Chichester, UK: Wiley, 2003.
■『電気と磁気（第2巻）』ジェームズ・クラーク・マクスウェル（近畿大学理工学総合研究所、1989年）

■『シュレーディンガー　その生涯と思想』W. ムーア（培風館、1995年）
■ Munitz, M. K., ed. *Theories of the Universe*. New York: Macmillan, 1957.
■Nahm, Milton. *Selections from Early Greek Philosophy*. 4th ed. New York: Meredith Publishing Company, 1964.
■各年度のノーベル賞からの引用元は、次のリンク先（2016年7月27日時点ではアクセス可能）
http://www.nobelprize.org/nobel_prizes/physics/laureates/
■『神は老獪にして…：アインシュタインの人と学問』アブラハム・パイス（産業図書、1987年）
■ Pais, Abraham. *Inward Bound: Of Matter and Forces in the Physical World*. New York: Oxford University Press, 1986.
■『ニールス・ボーアの時代：物理学・哲学・国家（1、2)』アブラハム・パイス（みすず書房、2012年）
■ Payne-Gaposchkin, Cecilia. *An Autobiography and Other Recollections*. Cambridge: Cambridge University Press, 1997.
■ Peacock, George. *Life of Thomas Young*. London: John Murray, 1855.
■『原子』ジャン・ペラン（岩波書店、1978年）
■ Randall, Lisa. *Higgs Discovery: The Power of Empty Space*. New York: Harper Collins, 2013.
＊本稿の邦訳は『ワープする宇宙』リサ・ランドール（NHK出版、2007年）の電子書籍版のみに収録されている。
■『原子爆弾の誕生（上・下巻)』リチャード・ローズ（紀伊国屋書店、1995年）
■ Ronchi, Vasco. *The Nature of Light*. Translated by V. Barocas. Cambridge, MA: Harvard University Press, 1970.
■ Salter, M. J., M. Ferguson, and J. Stallworth, eds. *Norton Anthology of Poetry*. 5th ed. New York: W. W. Norton & Company, 2005.
■『古代・中世科学文化史』ジョージ・サートン（岩波書店、2002年）
■ Schiffer, Michael. *Draw the Lightning Down: Benjamin Franklin and the Electrical Technology of the Age of Enlightenment*. Berkeley, CA: University of California Press, 2003.
■ Schilpp, P. A., ed. *Albert Einstein; Philosopher-Scientist*. La Salle, IL: Open Court, 1949.
■ Schweber, Silvan S. *Nuclear Forces: The Making of the Physicist Hans Bethe*. Cambridge, MA: Harvard University Press, 2012.
■ Simonyi, Károly. *A Cultural History of Physics*. Translated by David Kramer. New

York: CRC Press, 2012.

- Simpson, Thomas K. *Maxwell on the Electromagnetic Field: A Guided Study*. New Brunswick, NJ: Rutgers University Press, 1998.
- "Sketch of Dr. Thomas Young." *Popular Science Monthly* 5 (July 1874): 360.
- Sobel, Dava. *A More Perfect Heaven: How Copernicus Revolutionized the Cosmos*. New York: Walker and Company, 2011.
- Solomey, Nicholas. *The Elusive Neutrino: A Subatomic Detective Story*. New York: W. H. Freeman and Company, 1997.
- Stevin, Simon. *The Principal Works of Simon Stevin*, vol. 1. Ed. E. J. Dijksterhuis. Amsterdam: C. V. Svets and Zeitlinger, 1955.
- Stuewer, Roger H. *The Compton Effect*. New York: Neale Watson Academic Publications, 1975.
- Taylor, Lloyd W. *Physics, The Pioneer Science*, 2 vols. New York: Dover Publications, 1941.
- 『アイザック・ニュートン』リチャード・S・ウェストフォール（平凡社、1993年）
- Wheelwright, Philip. *The Presocratics*. Englewood Cliffs, NY: Macmillan, 1966.
- Wojcik, Jan W. *Robert Boyle and the Limits of Reason*. Cambridge: Cambridge University Press, 1997.
- Young, Thomas. *A Course of Lectures on Natural Philosophy and the Mechanical Arts*. London, UK: Taylor and Walton, 1845.

Profile

ドン・S・レモンズ | Don S. Lemons

アメリカ、カンザス州ベセルカレッジ名誉教授。
ロスアラモス国立研究所客員研究員。

村山 斉 | Hitoshi Murayama

カリフォルニア大学バークレー校教授。
東京大学国際高等研究所カブリ数物連携機構機構長。

物理2600年の歴史を変えた 51のスケッチ

2017年9月1日
第1刷発行

著者　ドン・S・レモンズ
翻訳者　倉田幸信
発行者　長坂嘉昭
発行所　株式会社プレジデント社
〒102-8641
東京都千代田区平河町2-16-1
電話　編集（03）3237-3732
販売（03）3237-3731

編集　中嶋 愛
装丁　HOLON
制作　関 結香
販売　桂木栄一　高橋 徹　川井田美景
森田 巌　遠藤真知子　末吉秀樹
印刷・製本　凸版印刷株式会社

ISBN978-4-8334-2241-3
Printed in Japan

slits
screen
celestial sphere
quintessence
lunar sphere
fire
air
water
earth
current
current
ball bearing
stony pebble
vacuum
mercury
air
star
image
star
Sun
nest
smooth surface
rough surface
food